三维创意之
3D 打印

丁焱◎著

世界图书出版公司

图书在版编目（CIP）数据

三维创意之 3D 打印 / 丁焱著 . -- 北京：世界图书
出版公司，2019.4
ISBN 978-7-5192-5523-7

Ⅰ . ①三… Ⅱ . ①丁… Ⅲ . ①立体印刷—印刷术
Ⅳ . ① TS853

中国版本图书馆 CIP 数据核字（2019）第 001908 号

书 名	三维创意之 3D 打印	
（汉语拼音）	SANWEI CHUANGYI ZHI 3D DAYIN	
著 者	丁 焱	
总 策 划	吴 迪	
责 任 编 辑	邰迪新	
装 帧 设 计	赵廷宏	
出 版 发 行	世界图书出版公司长春有限公司	
地 址	吉林省长春市春城大街 789 号	
邮 编	130062	
电 话	0431-86805551（发行） 0431-86805562（编辑）	
网 址	http://www.wpcdb.com.cn	
邮 箱	DBSJ@163.com	
经 销	各地新华书店	
印 刷	大厂回族自治县祁各庄乡冯兰庄兴源印刷厂	
开 本	710mm × 1000 mm 1/16	
印 张	10.5	
字 数	150 千字	
印 数	1—5 000	
版 次	2019 年 4 月第 1 版 2019 年 4 月第 1 次印刷	
国 际 书 号	ISBN 978-7-5192-5523-7	
定 价	42.00 元	

前 言

　　3D 打印即快速成型技术的一种，它是一种以数字模型文件为基础，运用粉末状金属或塑料等可粘合材料，通过逐层打印的方式来构造物体的技术。3D 打印通常是采用数字技术材料打印机来实现的，常在模具制造、工业设计等领域被用于制造模型，后逐渐用于一些产品的直接制造，已经有使用这种技术打印而成的零部件。该技术在珠宝、鞋类、工业设计、建筑、工程和施工（AEC）、汽车、航空航天、牙科和医疗产业、教育、地理信息系统、土木工程、枪支以及其他领域都有所应用。

　　日常生活中使用的普通打印机可以打印电脑设计的平面物品，而3D 打印机与普通打印机工作原理基本相同，只是打印材料有些不同，普通打印机的打印材料是墨水和纸张，而3D 打印机内装有金属、陶瓷、塑料、砂等不同的"打印材料"，是实实在在的原材料，打印机与电脑连接后，通过电脑控制可以把"打印材料"一层层叠加起来，最终把计算机上的蓝图变成实物。通俗地说，3D 打印机是可以"打印"出真实的3D 物体的一种设备，比如打印一个机器人，打印玩具车，打印各种模型，甚至打印食物，等等。

　　3D 打印技术走进中小学课堂又会带来什么？

　　实现虚拟世界与实体世界的有机结合，3D 打印机技术使得学生在创新能力和动手实践能力上得到训练，将学生的创意、想象变为现实，将极大发展学生动手和动脑的能力，从而实现学校培养创新型人才的变革。

　　在信息技术和通用技术课上，学生学习到了建模知识，把自己的创意打印出来。在语文课上，学生能够把课程中需要掌握的知识点模型打印出来观察分析。在数学课上，打印出几何体的模型，便可以更直观地帮助学生了解几何内部各元素之间的联系。而在美术课上，将平面设计的作品制作成3D版本的艺术品以及一些基本的教学模型，如印章、版画、浮雕等，已经成为现实。化学课上，老师可以将分子模型打印出来展示，更有利于学生理解化学反应的过程。生物课和科学课上，打印出骨骼、细胞、病毒、器官和其他重要的生物样本，比起平面图要直观得多。

本书可作为中小学科学、技术、工程和数学（STEM）教育，创客特色教学，校本课程，社团活动，教师培训及3D打印专项配备学校指导教学用书。感谢南京市教育局、南京市教育技术装备中心、南京市电化教育馆、南京市教学研究室、南京市教育科学研究所、南京师范大学、南京各区教师发展中心、南京市第一中学、南京市二十九中、南京市第三中学、南京市军地专修学校、南京市五老村小学集团各位领导和专家的关心与支持。由于作者水平有限，书中的疏漏和错误在所难免，恳请读者批评指正，多提宝贵意见，使之不断完善。笔者在此致谢意。

目　录

第一章
认识3D 打印

一、什么是3D打印

3D 打印（Three Dimensional Printing，TDP）是一个通俗、形象的名词概念，在学术界一般又称之为三维打印、增材制造 (AM)、快速成型等。3D 打印的过程就像我们人类盖房子一样，把成型材料一层一层地堆积起来逐渐形成有一定形状的三维物体，这就是离散—叠加成型原理，它是把计算机辅助设计（Computer Aided Design，CAD）模型文件导入打印机软件中，控制打印材料逐层地堆积出三维实物的一种先进制造技术。图1-1所示为一些通过三维打印技术制造的模型。

图1-1　3D打印技术打印的实物

同学们去公园玩的时候都见过制作糖人吗？有没有亲手体验过制作的过程？制作糖人和3D打印有什么关系呢？下面就带同学们了解一下其中的奥秘。

（一）传统方法制作糖人

传统方法制作糖人是一种民间的手工艺，艺人们多挑一个担子，一头是加热用的炉具，另一头是糖料和工具。糖料由蔗糖和麦芽糖加热调制而成，本色为棕黄色。

制作过程：

1. 把蔗糖放进锅内，加热，融化，要控制好火候，以免蔗糖烧焦了，要不停地搅拌（图1-2）。等到蔗糖熬制差不多的时候就可以开始制作了。

图1-2　调制糖料

2. 在大理石面上进行艺术创作。首先用勺子舀出一点融化的蔗糖，勺子和大理石面成60°斜角，为了使蔗糖更好地流出来，勺子一般要倾斜一下，然后慢慢地把勺子里面的糖倒在大理石桌面上，动作一定要快，刚开始练习时可以慢一点，从文字开始练习比较容易一点，熟练以后就可以练习画动植物等创意作品了！（图1-3）

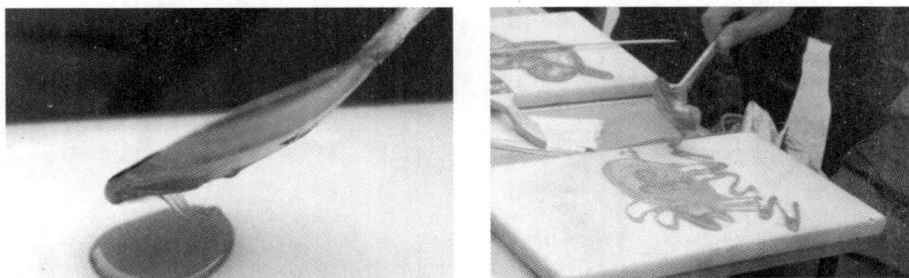

图1-3　在大理石桌面上创意作品

3. 把准备好的竹签子压在画上，然后把勺子中的糖稀慢慢浇到竹签上，不必倒得太过，以免影响美感，起到固定竹签的功能即可（图1-4）。

图1-4　压制竹签　　　　　　　　图1-5　钢尺分离糖画

4. 等到稍微干的时候，我们准备的钢尺就上场了。钢尺的作用就是把糖画和大理石面分离（图1-5），完全干的时候用钢尺分离画面容易折断，建议快干的时候操作。这样我们的糖画就做好了。图1-6、图1-7就是创意糖画，大家欣赏一下。

图1-6　创意糖画—飞鸟　　　　　图1-7　创意糖画—蝴蝶

（二）现代3D打印技术制作糖人

"神奇的糖果工厂"就是一台熔融挤成型（FDM）打印机（图1-8），它打印出的东西是诱人的零食——软糖！你会发现，它使用的材料和我们熟知的小熊软糖是完全一样的。

3D打印技术制作糖人，就是一种以数字模型文件为基础，运用聚乳酸（PLA）、树脂（ABS）、粉末、

图1-8　FDM打印机

金属或食品材料（果胶、软糖、巧克力）等，通过逐层打印的方式来构造物体的技术。它无须机械加工或任何模具，就能直接从计算机图形数据中生成任何形状的物体。如图1-8所示的这台软糖3D打印机，就是把我们在电脑里设计的三维模型文件输入到3D打印机，然后3D打印机把软糖材料加热后，通过喷嘴不断地堆积，最后形成了创意糖果作品（图1-9）。

图1-9　创意打印糖果

（三）巧克力、硬糖3D打印机

巧克力、硬糖3D打印机（图1-10）可以打印硬糖、巧克力等可以快速成型的食品。它的工作过程并不复杂，首先把干糖或

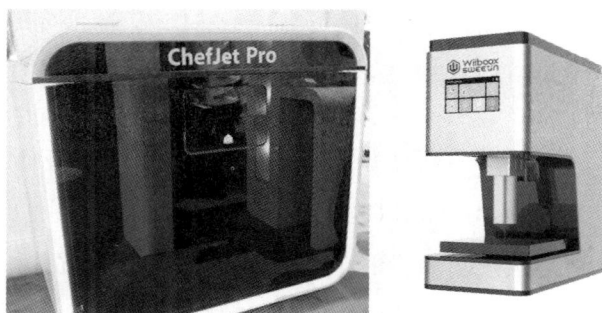

图1-10　巧克力、硬糖3D打印机

巧克力等原料放入打印机里，然后打印机的喷头会喷出水和糖的混合物，并对其塑形和雕刻，最后精致的3D打印糖果和巧克力创意作品就出现了（图1-11）。

图1-11　3D打印机打出的创意糖果作品

二、不同类型的3D打印机及材料

我们了解了糖果3D打印机以及3D打印机的简单工作原理，下面来介绍一下另外几种3D打印机及材料。

（一）学校常用的是桌面3D打印机（FDM）

熔融挤出成型(FDM)工艺的材料一般是热塑性材料，如 PLA、ABS、聚碳酸酯（PC）、尼龙等（图1-12）。材料在喷头内被加热熔化，以丝状供料。喷头沿零件截面轮廓和填充轨迹运动，同时将熔化的材料挤出，材料迅速固化，并与周围的材料黏结。

图1-12　PLA材料打印机

（二）（FDM）3D打印机常用的材料

1.PLA 材料

PLA 材料是一种新型的生物降解材料，使用可再生的植物资源（如玉米）所提供的淀粉原料制成。淀粉原料经发酵过程制成乳酸，再通过化学合成转换成聚乳酸。其具有良好的生物降解性，使用后能被自然界中的微生物完全降解，最终生成二氧化碳和水，不污染环境，这对保护环境非常有利，是公认的环保材料（图1-13）。

图1-13　PLA材料

2.ABS 材料

ABS 材料是一种强度高、韧性好、易于加工成型的热塑型高分子材料，也就是我们通常所说的塑料（图1-14）。

图1-14　ABS材料

7

3. 木质材料

用木质材料打印出的小房子很有木质感，同学们可以设计一个小鸟的家，并打印出来放在大自然中（图1-15）。

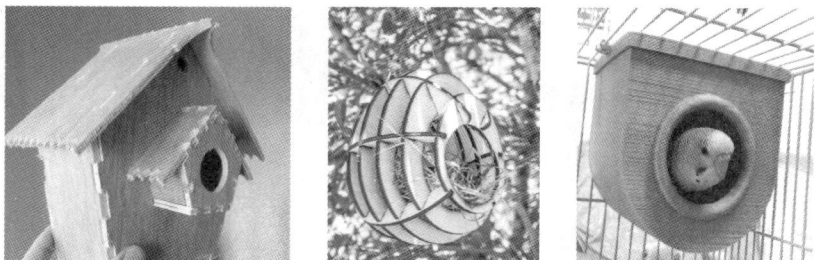

图1-15 木质材料打印出的小鸟的家

4. 柔性材料

用柔性材料打印出的创意作品可以任意弯曲（图1-16）。

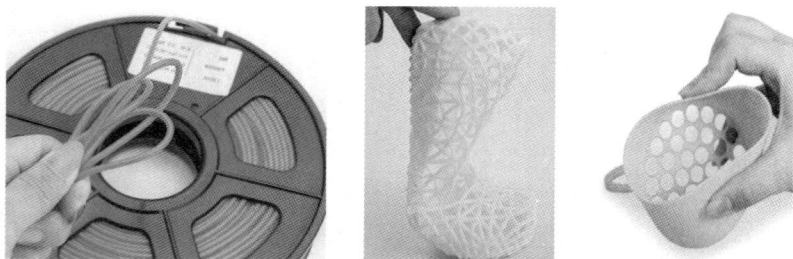

图1-16 柔性材料及用其打印出的创意作品

5. 碳纤维

碳纤维不仅轻而且强度高，适合打印学校科技类的三模（车模、船模、航模）项目（图1-17）。

图1-17 碳纤维材料及用其打印出的作品

6. 金属材料

金属材料可以打印出类似金属的颜色和质感，比如美术课上可以制作印章并打印出来实际使用（图1-18）。

图1-18　金属材料及用其打印出的作品

（三）光固化3D打印机

光固化3D打印机（图1-19）基于光固化成型原理，不同于FDM机器使用线材，光固化技术所用的材料叫光敏树脂。这种树脂在保存的时候是液体，而受到一定功率的光线（如激光）照射，就会发生光化学反应变硬成为固体，光固化3D打印机的优点是精度和质量高，表面效果好（图1-20）。

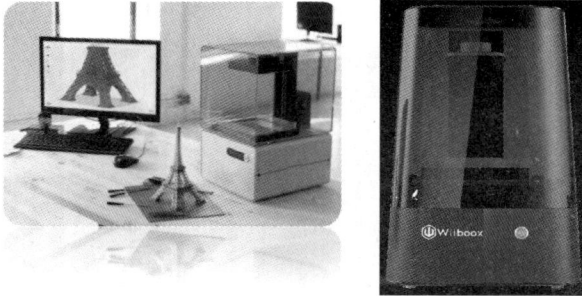

图1-19　光固化3D打印机

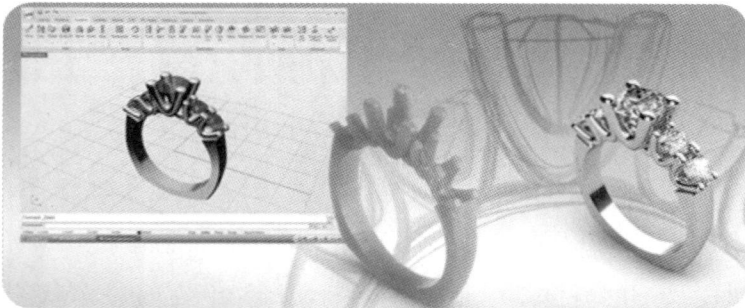

图1-20　光固化3D打印机打印出的创意作品

光固化3D打印机还可以打印蜡材料，并用于熔模铸造。

（四）彩色3D打印机（粉末黏合技术）

首先可以通过3D扫描仪把需要的彩色图形扫描下来（图1-21），并把数据输入到彩色3D 打印机。接下来彩色3D 打印机开始工作，每一层的打印过程分为两步：首先在需要成型的区域喷洒一层特殊胶水，胶水液滴本身很小，且不易扩散；然后喷洒一层均匀的粉末，粉末遇到胶水会迅速固化黏结，而没有胶水的区域仍保持松散状态。这样一层胶水一层粉末交替进行，并可利用不同颜色的胶水实现彩色打印实体，打印完毕后只要扫除松散的粉末即可"刨"出模型，而剩余粉末还可循环利用（图1-22）。

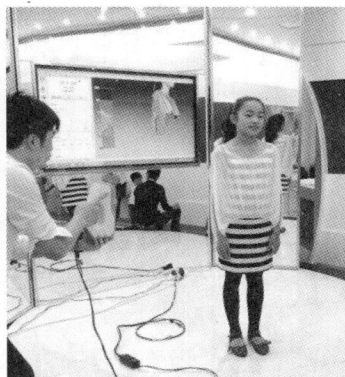

图1-21　彩色扫描

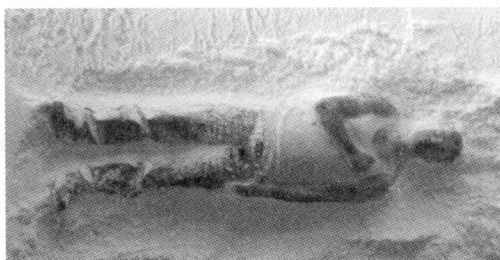

图1-22　彩色3D打印机打印出的创意作品

（五）金属3D打印机

金属3D 打印机主要使用激光作为能量源以融合金属粉末，使其结合在一起，形成一个坚实的结构，在电子、航空航天、汽车、机械和医疗应用等领域有着广泛的应用（图1-23～图1-25）。

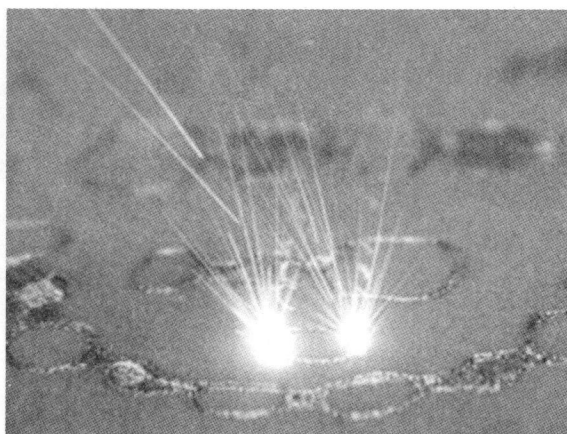

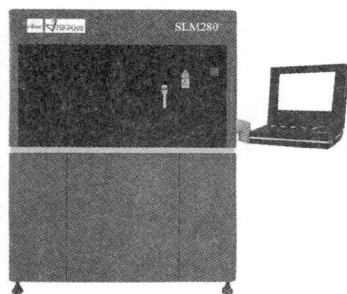

图1-23　激光烧结金属成型过程

图1-24　劳斯莱斯3D打印飞机引擎

图1-25　首款3D打印概念超跑

三、三维设计及作品欣赏

　　三维设计是新一代数字化、虚拟化、智能化设计平台的基础。它是建立在平面和二维设计的基础上，让设计目标更立体化、更形象化的一种新兴设计方法。

　　当今世界是一个由三维空间主导的立体世界，一个现代设计者已无法单独依靠二维空间中图形、文字、色彩等元素的设计编排来满足当下使用设计的要求，同样也无法完美地传达出其独特的设计理念。平面设计由二维空间向三维空间的扩展不仅符合设计创新的要求，也顺应了新时代背景下社会发展的趋势。

（一）二维概念

在一个平面上的内容就是二维。二维即左右、上下两个方向，不存在前后。大家在一张纸上的内容就可以看成是二维，即只有平面，没有立体。二维是平面技术的一种，如普通的平面动漫，称之为二维动漫，简称二维（富有立体感的是三维）。右图就是大家熟悉的二维坐标系，它一般只有2个方向，x 轴、y 轴（图1-26）。

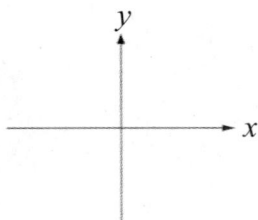

图1-26　二维坐标系

（二）三维概念

三维是指在平面二维系中又加入了一个方向向量而构成的空间系。三维既是坐标轴的三个轴，即 x 轴、y 轴、z 轴，其中 x 表示左右空间，y 表示上下空间，z 表示前后空间，这样就形成了人的视觉立体感。物理上的三维一般指长、宽、高（图1-27）。

三维具有立体感，但通常所说的前后、左右、上下都只是相对于观察的视点来说的，没有绝对的前后、左右、上下。

三维是由一维和二维组成的，二维即只存在两个方向的交错，将一个二维和一个一维叠合在一起就得到了三维。三维模型就是由三维制作软件制作出来的立体模型（图1-28）。

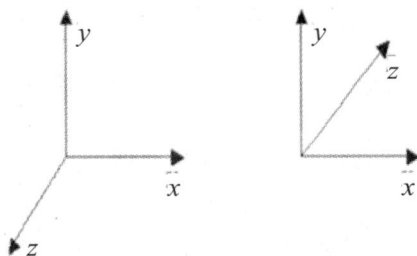

（1）左手系　　　　（2）右手系

图1-27　三维坐标系

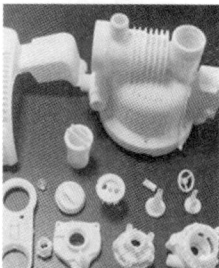

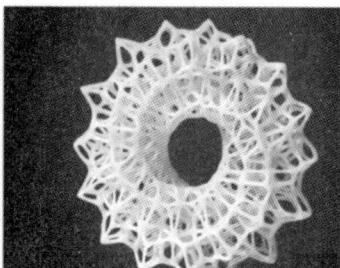

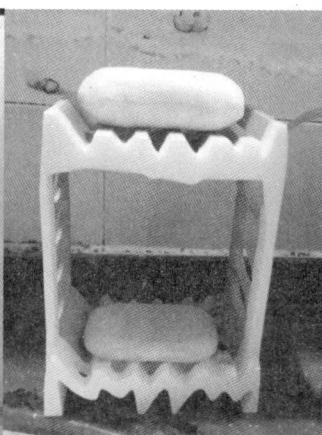

图1-28　3D打印技术制造的模型

四、3D打印为学习带来的变化

3D 打印技术给改变同学们的"学习方式"带来了新的思考，让抽象的教学概念更加容易理解，可以激发同学们对科学、数学尤其是工程和设计创意的兴趣，实现实践与理论、知识与思维、现实与未来三方面的相互结合。

更重要的是，3D 打印技术可以把同学们设计的三维模型变为现实，让思维可见，让创意有形，并应用到我们的生活与学习中。

比如在**数学课**上，同学们可以设计并打印一些玩具，不仅在游戏中学习了数学知识，还让数学课变得更有趣味性。

同学们还可以通过3D 建模软件认识不同立方体的面，辅助学习，提高空间想象能力和透视效果。利用3D 建模软件的"环绕观察、移动、透视"等基本功能，学生可以不重复、不遗漏地数出小正方体拼搭出的较复杂立体图形所用个数，利用"移动、复制"等基本功能，直观、便捷地根据需要拼搭出较复杂的立体图形，提升观察立体图形的能力，激发运用新技术解决数学问题的兴趣。

数学跷跷板：将跷跷板与数学完美地结合在一起，随时随地可以进行加减运算的游戏，同学们会发现只有运算结果正确跷跷板才会平衡（图1-29）。

15

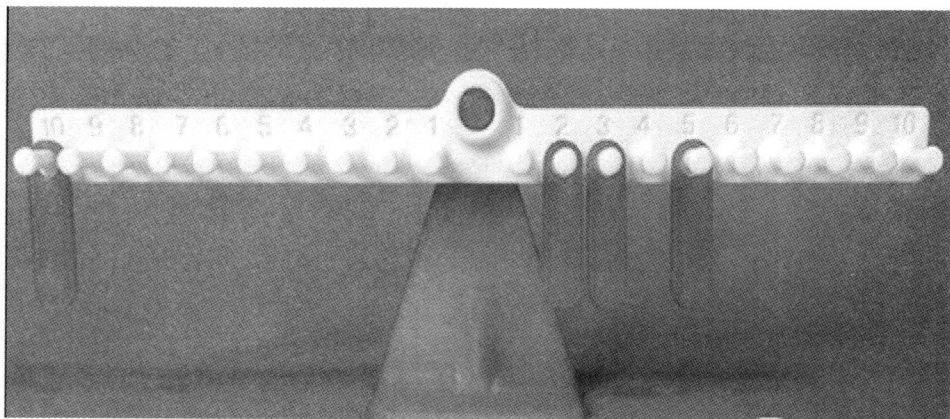

图1-29　数学跷跷板

数学转转筒：学生可以旋转每一层组合得到加减法、乘除法的等式，设计创意灵感来源于达·芬奇密码（图1-30）。

图1-30　数学转转筒

小立方体：学生可以把小立方体打印出来，进行不同的堆叠和组合，能更清楚直观地了解空间特点和数出小立方体的个数（图1-31～图1-33）。

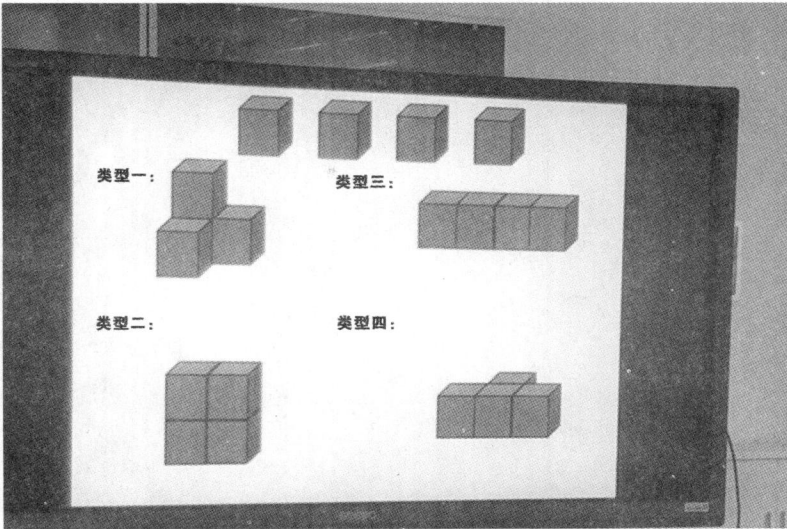

图1-31　小立方体造型

图1-32　3D模拟小立方体堆叠

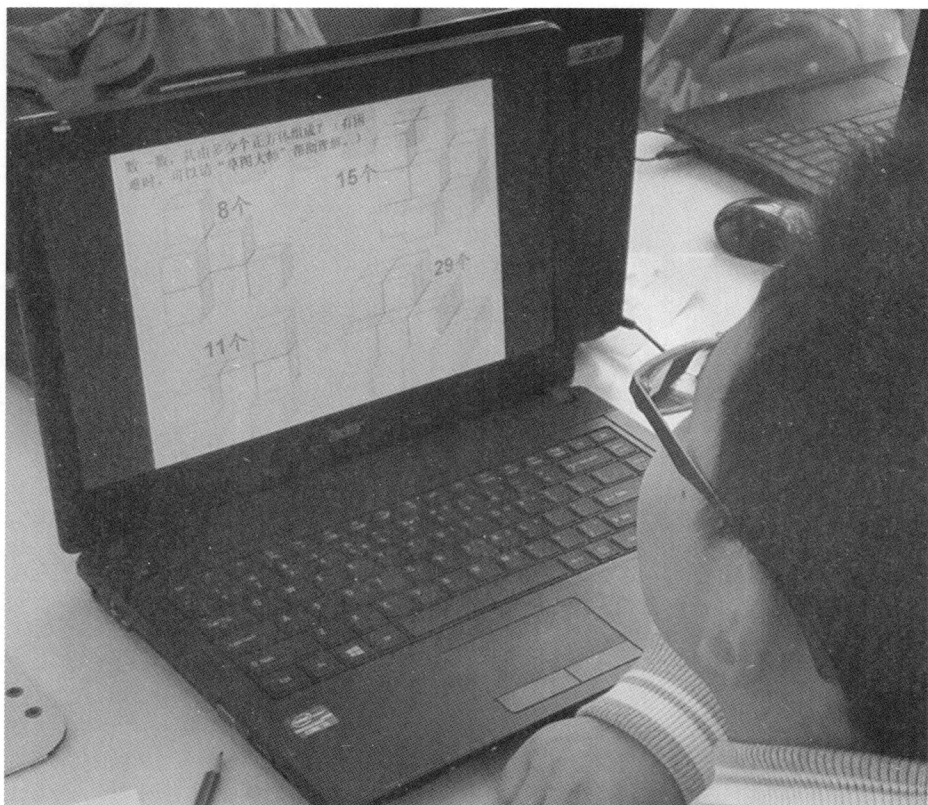

图1-33 不同造型小立方体个数

在**语文课**上，老师可以把同学们想了解的内容用三维扫描或3D 建模方式获取三维图形并导入电脑或 iPad 中，让同学们可以自己选择想看的立体模型，并可以360°观察模型。

比如在六年级语文课《秦兵马俑》一课中，老师就用3D 技术让同学们观察不同类型兵马俑360°不同部位的特征（图1-34、图1-35）。

图1-34 《秦兵马俑》语文课引入3D技术

图1-35 3D技术设计出的不同造型的兵马俑

在**科学课**上，同学们不仅可以设计打印各种恐龙的骨骼，还可以把这些骨骼埋在石灰和沙子中，体验一下考古发掘的过程，并把这些骨骼拼接在一起，了解不同类型恐龙的形态特征（图1-36）。

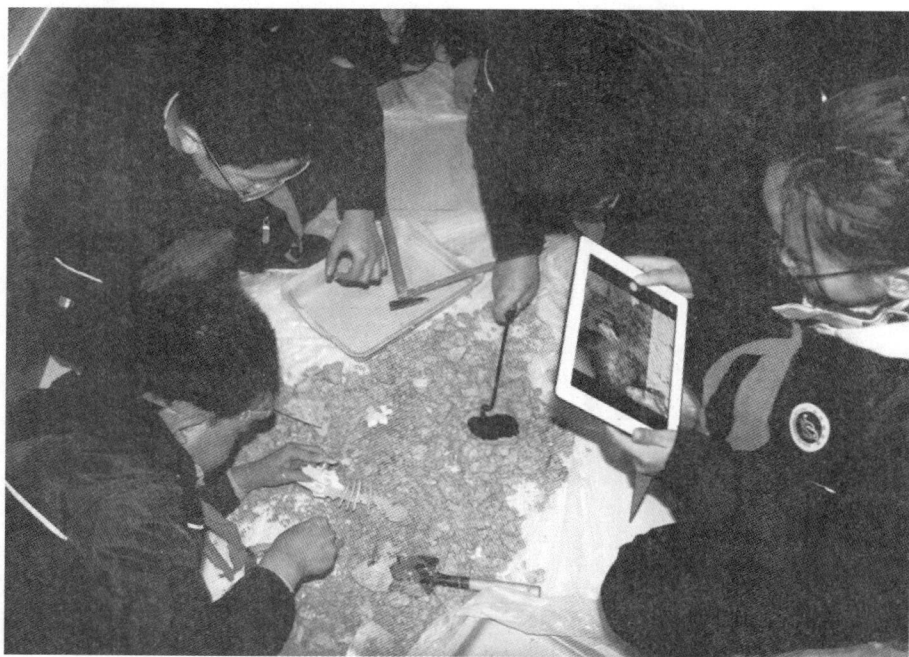

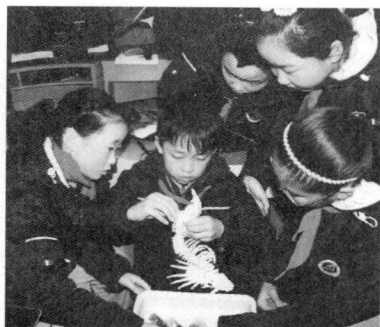

图1-36　3D打印机打印出的恐龙骨骼让学生直观感受考古发掘的过程

在**美术课**上，同学们可以画出自己喜欢的图案并打印出版画进行拓印（图1-37），美丽的版画等着同学们哦！

图1-37　美术课创意版画

　　当然，有创意的同学不仅可以设计版画，还可以设计出印章并打印出来运用到我们的生活中（图1-38～图1-40）。下面来欣赏一下同学们的创意印章吧！

图1-38　3D技术设计创意印章，并用3D打印机打印

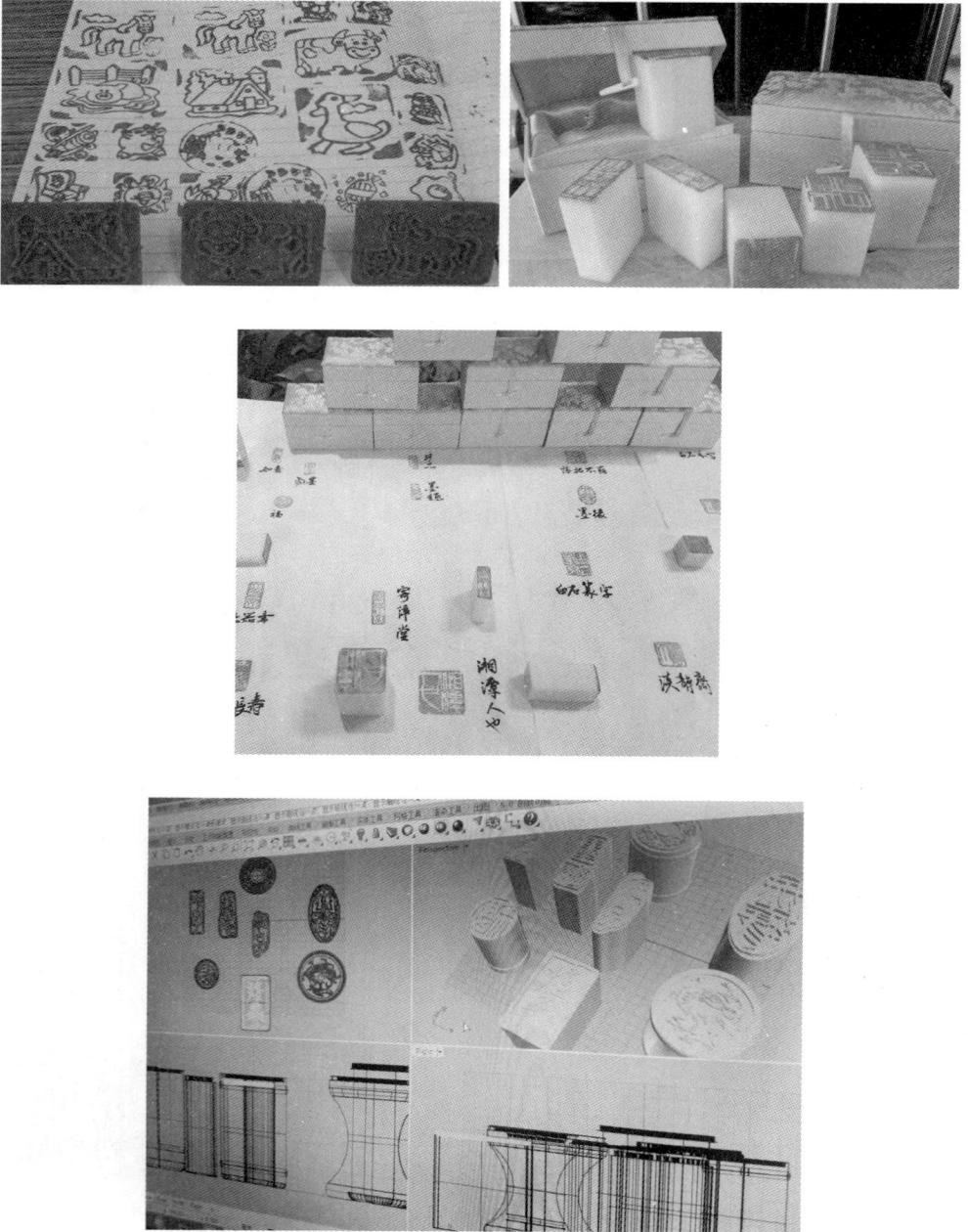

图1-39　创意印章欣赏

图1-40　学生进行创意印章设计

在**综劳课和综实课**上，同学们创意设计了许多模具，用来制作黏土和饼干（图1-41）。当然同学们在冬天还设计了雪人模具，这样就可以快速地做雪人了，大家来欣赏一下吧（图1-42）！

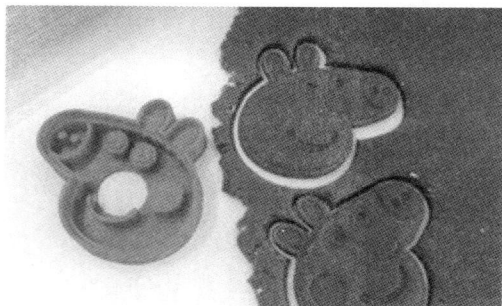

图1-41　同学们利用3D打印机打印出黏土和饼干模具，并制作创意黏土和饼干

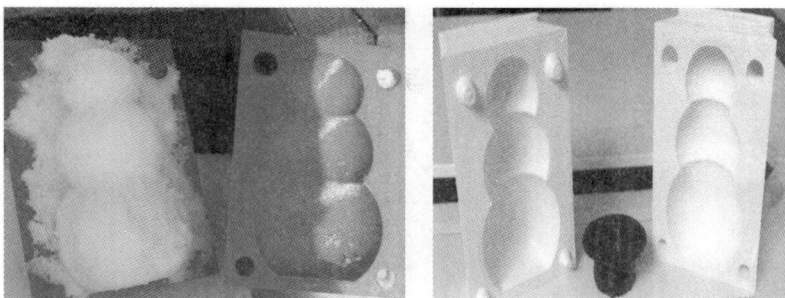

图1-42　利用3D打印机打印的创意雪人模具

　　春天来了，小鸟又唱歌了，许多同学创意设计了小鸟的新房子并打印出来放在了树枝上（图1-43），能够让没有栖身之地的鸟儿找到温暖的家。看看鸟儿们多喜欢它们的新家呀！还有许多同学设计了自己的新家（图1-44），瞧这一位位小小家居设计师多厉害呀！

图1-43　同学们创意设计并用3D打印机打印出的小鸟之家

图1-44　同学们利用3D技术创意设计自己的家

在**化学课**上，同学们把自己喜欢的化学元素或容易忘记的分子式打印出来并设计成创意作品（图1-45）。

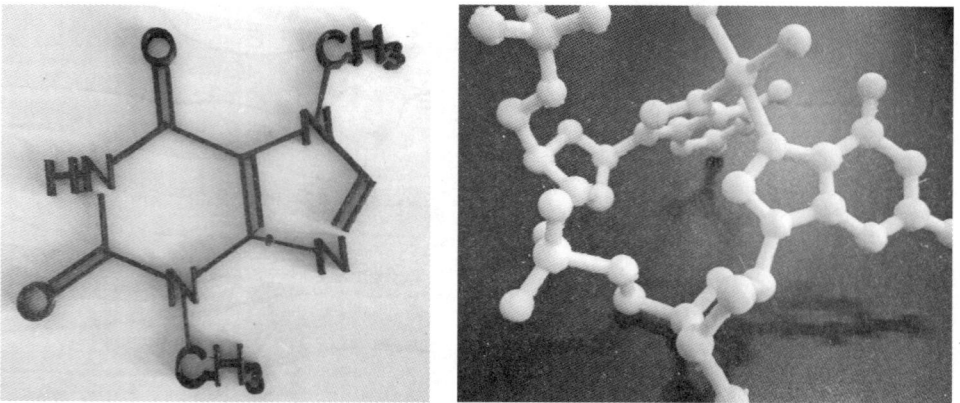

图1-45　利用3D打印机打印出的化学元素创意作品

在**生物课**上，老师和同学们用3D打印机把DNA打印出来进行研究（图1-46）。

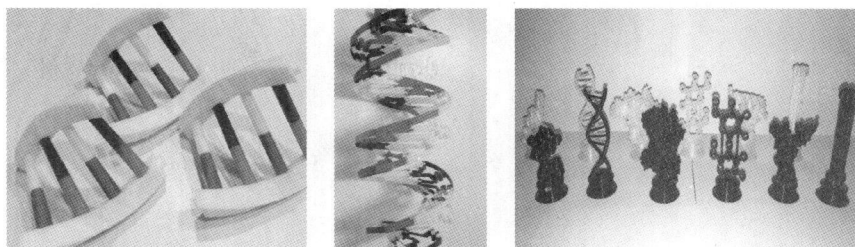

图1-46　利用3D打印机打出的作品DNA序列

在**物理课**上，老师和同学们把设计的创意桥梁用3D打印机打印出来并测试不同结构的桥梁可以承受的重力（图1-47）。

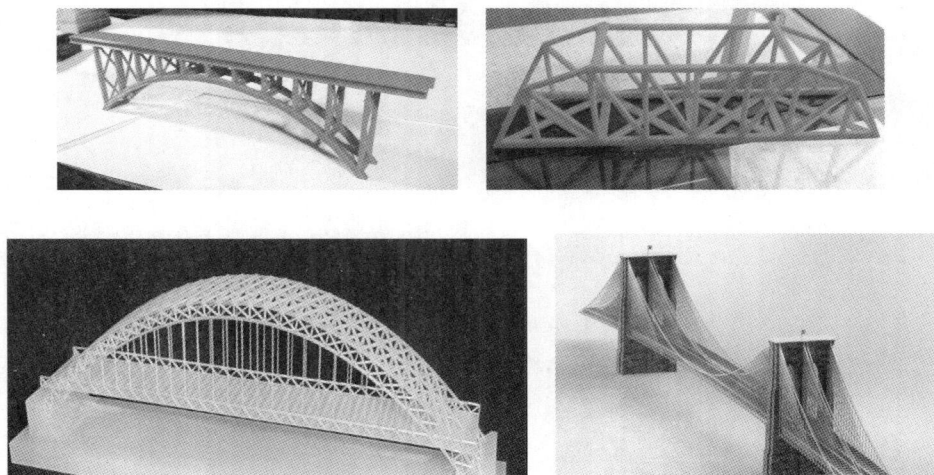

图1-47　自主设计并用3D打印机打出并通过3D技术打印出的作品

在**社团活动**课上，老师和同学们设计并用3D打印机打出飞行器和机器人的不同结构和配件（图1-48、图1-49）。

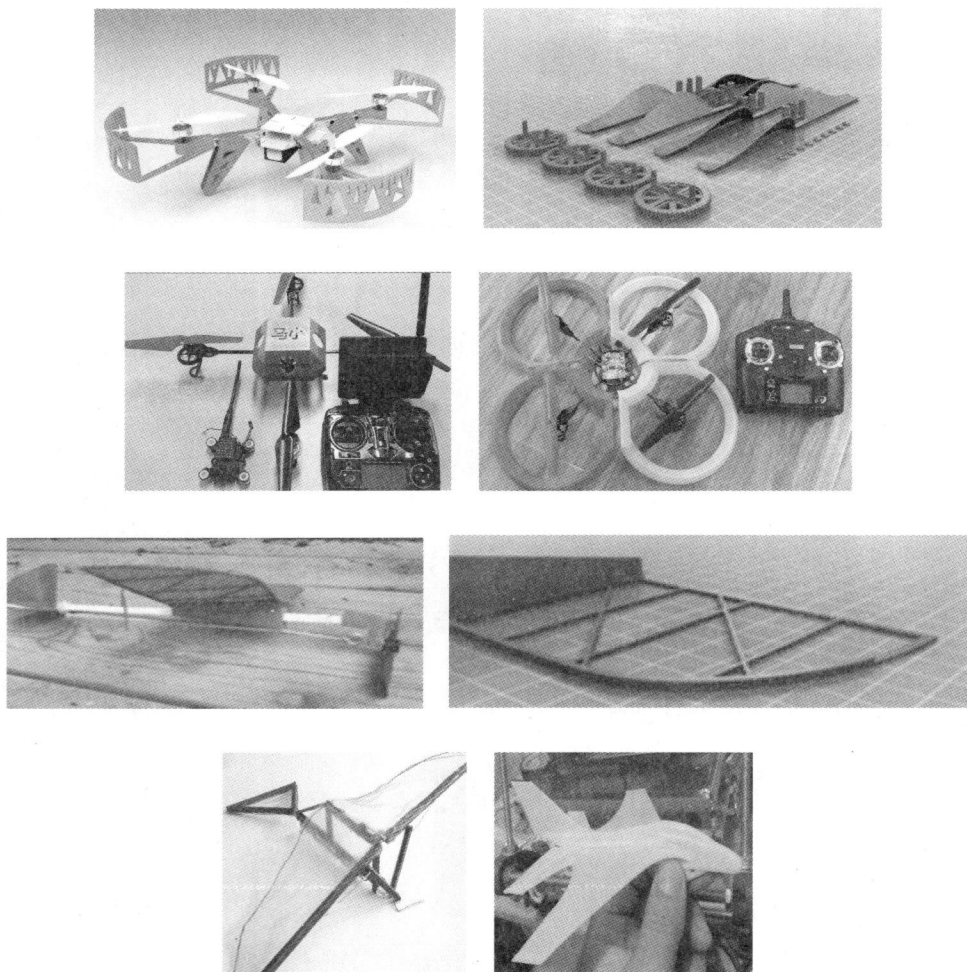

图1-48　同学们设计并用3D打印机打出的飞行器配件及成型作品

图1-49　同学们设计并用3D打印机打出的机器人配件及成形作品

第二章
神奇的3D 打印

一、初识3D打印机

3D 打印机是可以打印出真实的3D 物体的一种设备。3D 打印机不仅可以打印出一幢完整的建筑，甚至可以在航天飞船中给宇航员打印任何所需的物品。

3D 打印机是快速成形技术的一种机器，以一种数字模型文件为基础，运用粉末状金属或塑料等可粘合材料，通过逐层打印的方式来构造物体的技术。3D 打印机过去常常被用于模具制造和工业设计等领域，现在正逐渐运用于一些产品的直接制造，意味着这项技术正在普及。3D 打印无须机械加工或模具，就能直接从计算机图形数据中生成任何形状的物体，从而极大地缩短了产品的生产周期，提高了生产效率。其原理是把数据和原料放进3D 打印机中，机器会按照程序把产品一层层造出来。打印出的产品，可以即时使用。通过3D 打印机也可以打印出食物。这也是大多数"吃货"所关心的3D 打印机未来的发展方向。

人们可以在一些电子产品商店购买到3D 打印机，工厂也在进行直接销售。科学家们表示，3D 打印机的使用范围还很有限，不过在未来的某一天人们一定可以通过3D 打印机打印出更实用的物品。尽管仍有待完善，但3D 打印技术市场潜力巨大，势必成为未来制造业的众多突破技术之一。

3D 打印机类型，简单的可以分为工业级和桌面级（图2-1）。按不同的领域可分为：生物打印机、金属激光选区烧结成型机、建筑打印机等。根据选用不同的材料与工艺，还可以继续细分，上一单元我们已介绍过，就不再一一列举。

图2-1　桌面3D打印机

二、如何使用3D打印机

使用3D 打印机的流程：

1.轻点电脑屏幕上的"打印"按钮，一份数字文件便被传送到一台喷墨打印机上，它将一层墨水喷到纸的表面以形成一幅二维图像。

2.在3D 打印时，软件通过电脑辅助设计技术（CAD）完成一系列数字切片，并将这些切片的信息传送到3D 打印机上，后者会将连续的薄型层面堆叠起来，直到一个固态物体成型。

总体来说，打印机通过读取文件中的横截面信息，用液体状、粉状或片状的材料将这些截面逐层地打印出来，再将各层截面以各种方式粘合起来，从而制造出一个实体。

这种技术的特点在于其几乎可以造出任何形状的物品。3D 打印机打出的截面的厚度（即 z 方向）以微米来计算，平面方向（即 x-y 方向）的分辨率以 Dpi（像素每英寸）来计算。一般的厚度为100微米，即0.1毫米，也有部分打印机如 Objet Connex 系列，还有3DSystems ProJet 系列，可以打印出一层16微米厚。而平面方向则可以打印出跟激光打印机相近的分辨率。打印出来的"墨水滴"的直径通常为50~100微米。用传统方法制造出一个模型通常需要数小时到数天，根据模型的尺寸以及复杂程度而定。而用3D打印技术则可以将时间缩短为数个小时，当然其是由打印机的性能以及模型的尺寸和复杂程度而定的。传统的制造技术如注塑法可以较低的成本大量制造聚合物产品，而3D打印技术则可以更快、更有弹性以及更低成本生产数量相对较少的产品。一个桌面尺寸的三维打印机就可以满足设计者或概念开发小组制造模型的需要。

三、3D打印常用的设计软件介绍

3D打印设计软件种类多，运用范围广。就目前而言，可以进行3D设计的软件有很多，针对不同的方向，每一种软件的使用功能大不相同。以下是我们常用的几款设计软件。

（一）3Ds Max

3Ds Max（3Dimension Studio Max）是 Discreet 公司（后被 AutoDesk 公司合并）开发的基于 PC 系统的三维动画渲染和制作软件，其前身是基于 DOS 操作系统的3D Studio 系列软件。它是集造型、渲染和制作动画于一身的三维制作软件，具有强大的造型功能和动画功能，而且操作简单方便，制作的效果非常逼真。当前，它已逐步成为 PC 机上最优秀的三维动画制作软件。

3Ds Max 的优势在于其性价比高，它所提供的强大的功能远远超过了它自身低廉的价格，可以使作品的制作成本大大降低，而且对硬件系统的要求相对来说也很低，一般普通的配置就可以满足学习的需要。此外，3Ds Max 的制作流程十分简洁高效，便于学习，而且在国内拥有最多的使用者，便于交流，教程资源丰富。随着互联网的普及，关于3Ds Max 的论坛在国内也相当火爆，用户遇到问题可以及时讨论并得到解决，非常方便。

3Ds Max 是世界上最广泛，也是国内最早引进的立体建模动画软件，在广告、影视、工业设计、建筑设计、多媒体设计、辅助教学以及工程可视化领域都得到了广泛的应用，其应用范例如图2-2、图2-3所示。

图2-2　影视制作效果图

图2-3 建筑效果表现图

（二）Rhinoceros(Rhino)

Rhino 即犀牛软件，是美国专为工业设计、产品开发及场景设计所开发的概念设计与建模软件，具备比传统网格建模更为优秀的建模方式。用它建模非常流畅，所以用户经常用它来建模，然后导出高精度模型给其他三维软件使用。在国内，犀牛软件具有较好的人机互动界面和实体建模功能，并可兼容和修改常见3D 模型文件，因此常被大、中、小学选用为3D 打印指定建模软件。本教材即从

犀牛软件的实体建模入手，让广
大3D 创意者和老师、学生们能
够在短时间内掌握基本3D 建模
技术，并能够把自己的创意作品
打印出来，让思维可见，让创意
有形。

Rhino 具有强大的曲线建模
方式，能够在很短的时间内完
成模型创造，可以快速完成设

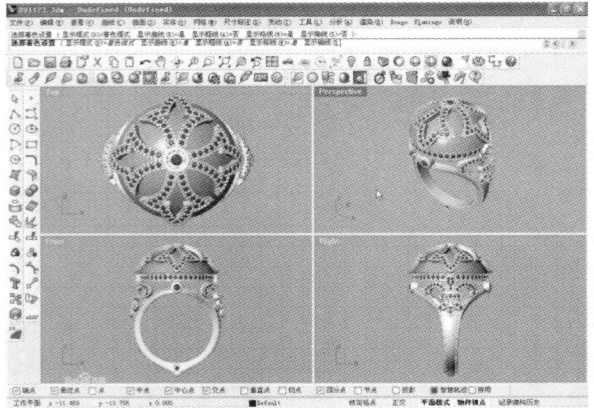

图2-4　Rhino制图

计师的概念设计、无关尺寸的快速原型，也可快速建模。它能轻易整合3Ds Max
与 Softimage 的模型功能部分，对要求精细、弹性与复杂的3D NURBS 模型有点
石成金的效能，能输出 OBJ、DXF、IGES、STL、3Dm 等不同格式，并适用于
几乎所有三维软件，尤其对增加整个工作团队的模型生产力有明显效果。但利用
Rhino 不能生成带有注释和标识的二维模型，渲染效果不逼真，也无法在实体生
成后再改变数值。为了弥补自身在渲染方面的缺陷，Rhino 配备多种渲染插件，
从而可以制作出逼真的效果图。此外，Rhino 还配备多种行业的专业插件，只要
熟练地掌握好 Rhino 常用工具的操作方法、技巧和理论，根据自己从事的设计行
业把其相应配备的专业插件加载至 Rhino 中，即可变成一个非常专业的软件，这
就是 Rhino 能立足于多种行业的主要因素。

任何复杂的模型都可以看成简单的集合体通过加减组合而成，使用 Rhino 进
行3D 建模只须仔细分析其结构，拆开来看就可以了。建模的顺序是先整体后细
节，先全面后部分，层层深入，最终完成一个模型的制作。用 Rhino 制作的模型
如图2-4所示。

（三）SketchUp

SketchUp 是一个极受欢迎并且易于使用的三维设计软件，它是由规模非常
小的 @Last Software 公司开发的，官方网站将它比作电子设计中的"铅笔"。它

的主要特点是使用简便，并且用户可以将使用 SketchUp 创建的三维模型直接输出至 Google Earth 里。它表面上极为简单，实际上却可以极其快速和方便地对三维创意进行创建、观察和修改，是专门为配合设计过程而研发的，有着更方便、更利于思考推敲的优势。

在日常设计过程中，从建筑的最初概念到3D 模型将会变成一种更为流畅的工作模式，现在即使在最初的由 SketchUp 所作的草图概念阶段也可输入到智能虚拟建筑环境中，在那里很容易增加细节，并且数据的交互性可使模型应用于一系列其他软件，如 CAD、3Ds Max、Lightscape 等。现在 SketchUp 也相应地出了一系列的渲染工具和软件，成为基本可以独立出效果图纸，渲染结果是最终形成图的软件，也就是说它正在从设计构思向设计为成品兼收发展。现在的 SketchUp 已经发展到8.0版本，并且伴随着大量方便的插件，非常好用。

SketchUp 偏重设计构思过程表现，对于后期严谨的工程制图和仿真效果图来说，表现则相对较弱，对于要求较高的效果图，需将其导出图片，利用 Photoshop 等专业图像处理软件进行修补和润色。SketchUp 在曲线建模方面也稍显逊色，当遇到特殊形态的物体，特别是曲线物体时，宜先在 AutoCAD 中绘制好轮廓线或是剖面，再导入 SketchUp 中做进一步处理。SketchUp 本身的渲染功能较弱，可以结合其他软件（如 Piranesi 和 Artlantisl）一起使用。

SketchUp 是一款面向设计师、注重设计创作过程的软件，其具有的操作简便、即时显现等优点使它灵性十足，给设计师提供了一个在灵感和现实间自由转换的空间，让设计师在设计过程中享受方案创作的乐趣，在城市规划设计、建筑方案设计、园林景观设计、室内设计、工业设计、游戏动漫场景设计等诸多方面得到了广泛的应用。用 SketchUp 制作的模型如图2-5所示。

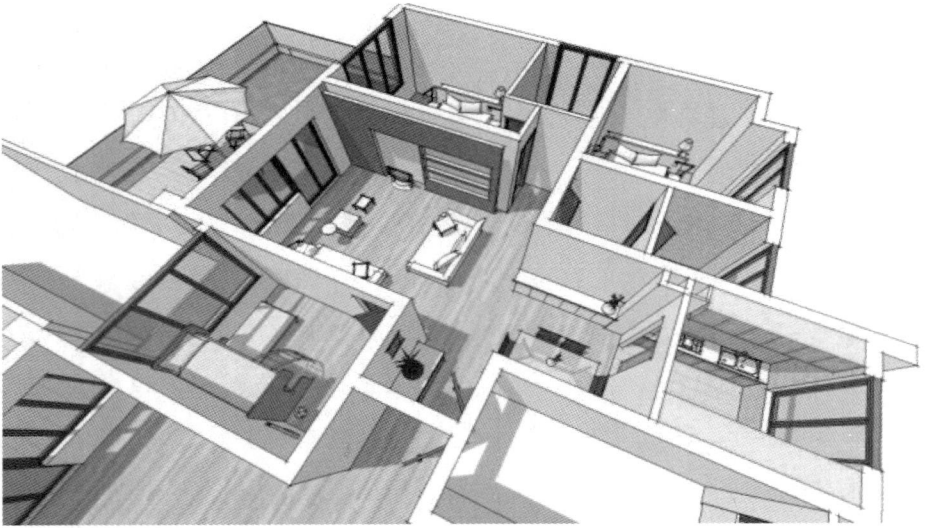

图2-5　SketchUp制图

（四）Pro/Engineer

Pro/Engineer 是美国参数技术公司（PTC）旗下的 CAD/CAM/CAE 一体化的三维操作软件。Pro/Engineer 以参数化著称，是参数化技术的最早应用者，在目前的三维造型软件领域中占有重要地位。Pro/Engineer（Pro/E）作为当今世界机械 CAD/CAE/CAM 领域的新标准得到了业界的认可和推广，是现今主流的 CAD/CAM/CAE 软件之一，特别是在国内产品设计领域占据重要位置。

以 Pro/E 为代表的软件产品的总体设计思想，体现了机械设计自动化软件的新发展，其所采用的新技术与其他同类软件相比具有明显优势。PTC 公司提出的单一数据库、参数化、基于智能的特征造型、全相关以及工程数据再利用等概念改变了机械设计自动化的传统观念，这种全新的观念已成为当今世界机械设计自动化领域的新标准。Pro/E 软件能将从设计至生产的全过程集成在一起，让所有的用户同时进行同一产品的设计制造工作，因此它的开发理念符合并行工程的基本思想。

Pro/E 是一个大型软件包，由多个功能模块组成，每一个模块都有自己独立的功能。用户可以根据需要调用其中一个模块进行设计，各个模块创建的文件有不同的文件扩展名。此外，高级用户还可以调用系统的附加模块，或者使用软件进行二次开发工作。

　　Pro/E 是基于特征的实体模型化系统，工程设计人员采用具有智能特性的基于特征的功能去生成模型，如腔、壳、倒角及圆角，并且可以随意勾画草图，轻易改变模型。这一功能特性给工程设计者提供了在设计上从未有过的简易和灵活。用 Pro/E 制作的模型如图2-6所示。

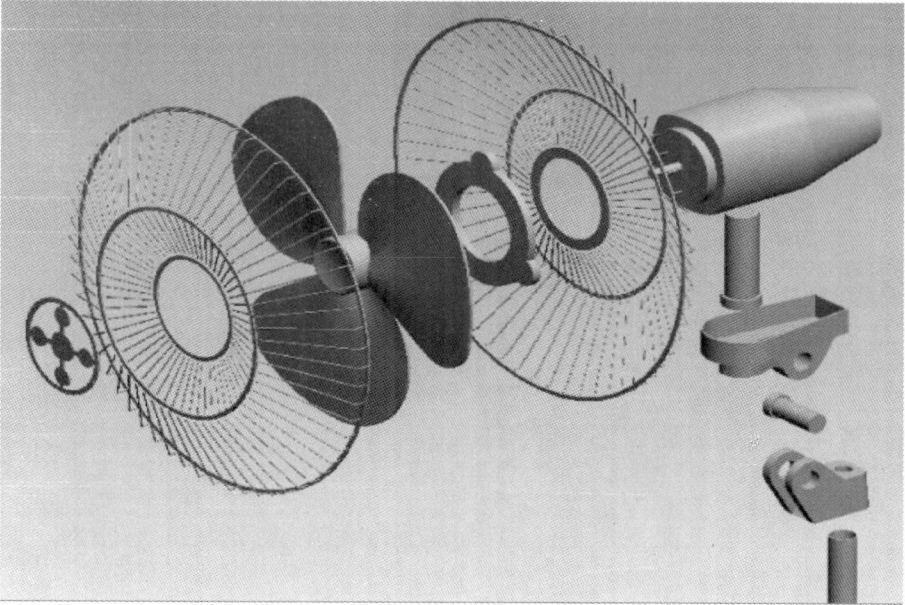

图2-6　Pro/E制图

（五）SolidWorks

　　SolidWorks 为达索系统（Dassault Systemes S.A）下的子公司，专门负责研发与销售机械设计软件的视窗产品。达索公司是负责系统性的软件供应，并为制造厂商提供具有 Internet 整合能力的支援服务。该集团提供涵盖整个产品生命周期的系统，包括设计、工程、制造和产品数据管理等各个领域中的最佳软件系统，著名的 CATIA V5就出自该公司之手，目前达索的 CAD 产品市场占有率居世界前列。

SolidWorks 软件有功能强大、易学易用和技术创新三大特点，这使得 SolidWorks 成为领先的、主流的三维 CAD 解决方案。SolidWorks 能够提供不同的设计方案，减少设计过程中的错误以及提高产品质量。SolidWorks 组件繁多，提供了强大的设计功能，而且对每个工程师和设计者来说，操作简单方便、易学易用。在强大的设计功能和易学易用的操作（包括 Windows 风格的拖放、点击、剪切、粘贴）协同下，使用 SolidWorks 进行整个产品设计，是百分之百可编辑的，零件设计、装配设计和工程图之间的协作是全相关的。用 SolidWorks 制作的模型如图2-7所示。

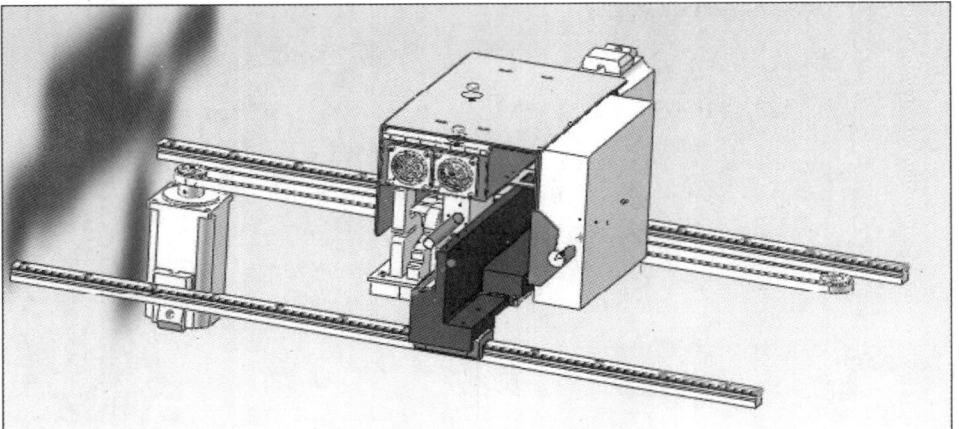

图2-7　SolidWorks制图

第三章
三维创意梦想变现实

一、初识三维建模软件Rhinoceros

（一）界面构成

双击 Rhinoceros 5图标打开软件，跳出“打开”界面（图3-1）。

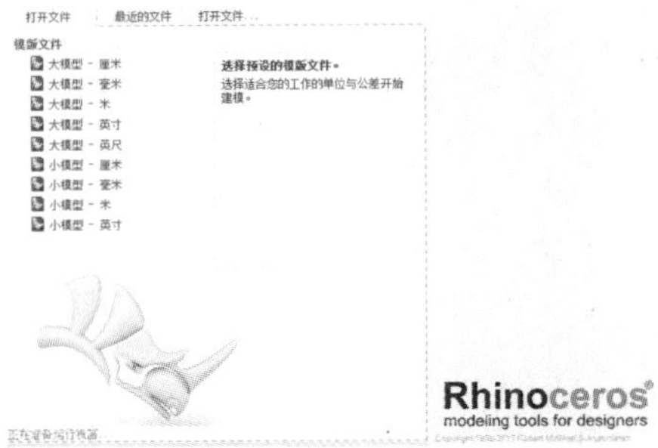

图3-1　Rhinoceros界面

随即进入默认主界面，布局如图3-2所示（标准工具栏上某些按钮您可能没有，那是插件）。

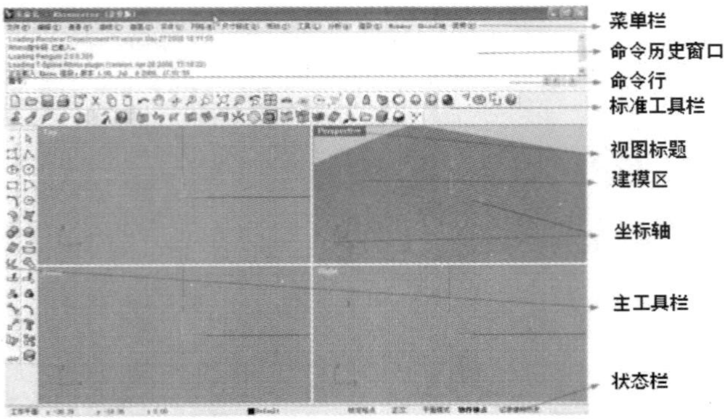

图3-2　默认主界面

有3D软件运用基础的话，我们根据名字可以很快掌握Rhino（Rhinoceros简称）的这些功能区的作用，下面简单介绍一下。

菜单栏：您可以在此找到绝大部分的犀牛命令，如图3-3所示。

图3-3　Rhino软件菜单栏

命令行和命令历史窗口：位于软件界面上方，（感觉更符合视觉习惯），有很多命令参数需要在命令行窗口进行选择。（Rhino的命令参数分为鼠标选择和参数输入两种，后面会遇到）

状态栏：提供坐标、长度、当前图层和辅助选项等信息。类似于我们习惯的SketchUp、AutoCad。Rhino具有非常友好的操作界面，而且除了菜单栏，其他窗口都是可以拖曳出来随意置放或者浮动的，对于界面的定制，可根据您的喜好进行，譬如我们可以将界面摆成如图3-4所示。

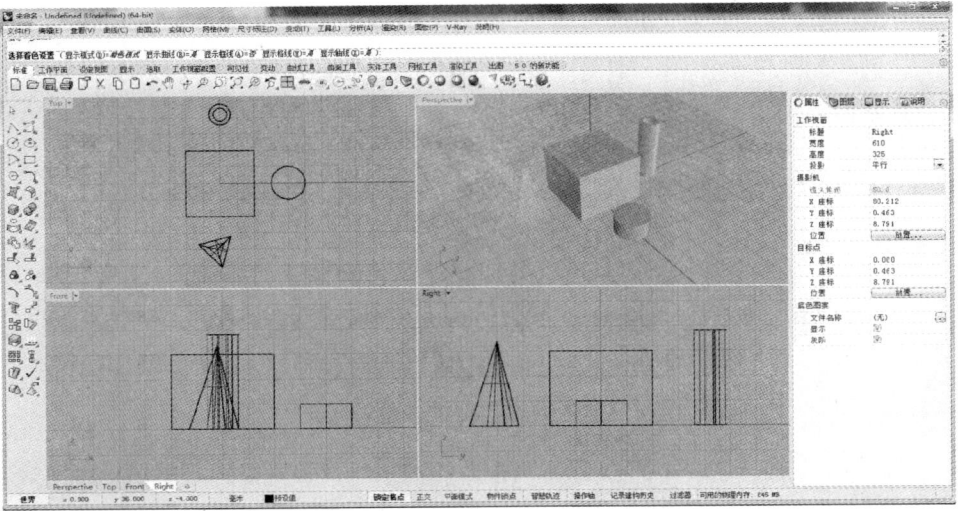

图3-4　状态栏界面

（二）Rhino 视窗

建模区：Rhino 默认的是4个视窗布局，分别是顶视图（Top）、透视图（Perspective）、正视图（Front）、右视图（Right），表示从不同方位看模型的效果（图3-5）。

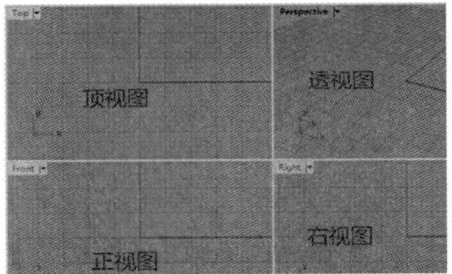

图3-5　建模区四个视窗

我们单击某个视图标签时，视图标签将高亮显示，表示这个绘图区被激活。双击某个视图标题将它放大，再双击一次将它还原。另外，任何情况下左键单击标准工具栏上的 ▦ ，即可返回四视图模式（图3-6）。

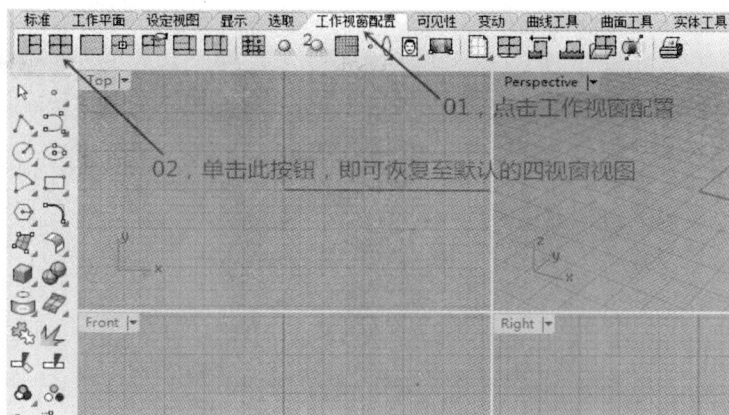

图3-6 四视图模式

在视图标签上点击右键，我们可以对这个视图进行最大限度的配置，设置显示模式、视图模式、工作平面等，大家可以尝试一下，看视图内发生何种改变（图3-7）。

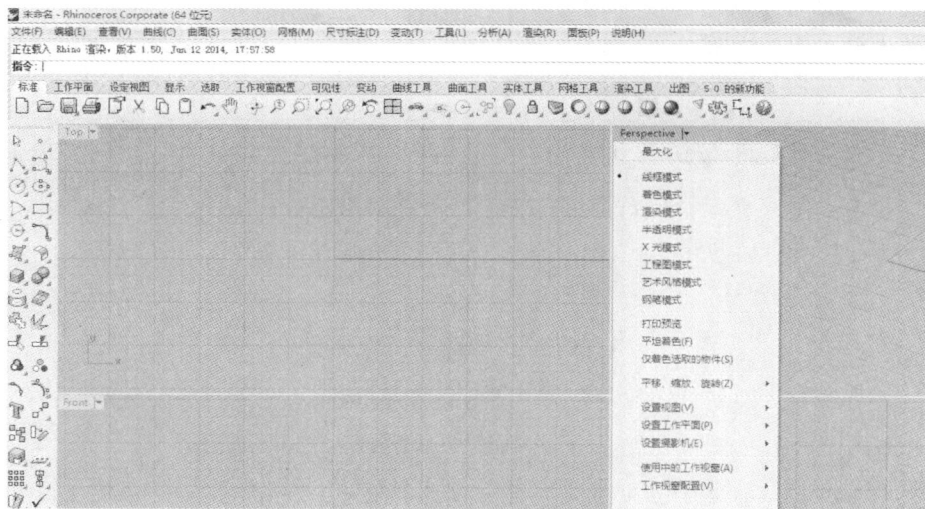

图3-7 用视图标签对视图进行配置

打开标准工具栏上的视窗图标集（关于视窗的所有命令都在此），点击命令：工作视窗标签控制列（图3-8）。

图3-8　打开视图标签显示控制列

我们在命令行选择"显示"标签，如图3-9所示。

图3-9　显示标签

工作视窗下部就会增加一栏视窗标签，这样我们就可很方便地在各个视图之间进行切换。

（三）工具面板

Rhino 工具面板上有两类按钮：▯（文字）、▯（立方体）。

如立方体这个按钮右下角有个小三角形，表示这个工具有一系列相关工具集，单击鼠标左键或长按右键可以将工具集浮动出来（图3-10）。

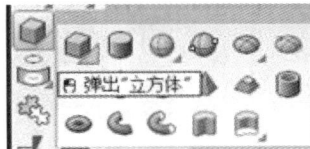

图3-10　工具面板

另外，对于某些图标来说，左键单击和右键单击的作用是不一样的，当我们把鼠标停在某个工具按钮上时，可以看到点击左键和右键的不同含义，要注意区分。例如图3-11所示，点击左键是2D旋转命令，点击右键是3D旋转命令。

图3-11 旋转命令

（四）视窗显示模式

打开"鸟巢.3dm"文件。Rhino 提供了多种在建模时的显示模式（以透视图为例），如图3-12所示，其中前三种最为常用。

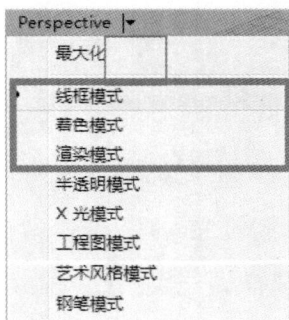

图3-12 建模时的显示模式

线框模式：是所有 3D 软件都具有的显示模式，最为常用，占用系统资源最小，但一旦场景复杂时表现力较差（图3-13）。

着色模式：我个人最为常用的模式，将后面的线条消隐，而且有高光效果，模型具有三维感（图3-14）。

渲染模式：不显示线和点，可以以场景预览灯光效果（图3-15）。

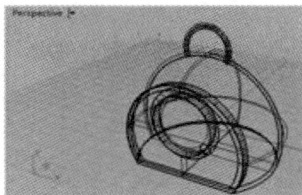

图3-13 线框模式　　　图3-14 着色模式　　　图3-15 渲染模式

（五）工作平面

每个工作视窗内都带有一个工作平面，您看到的场景格线就是工作平面，任何在视窗内直接绘制的点和线都将处于该视窗的工作平面内，如图3-16所示。

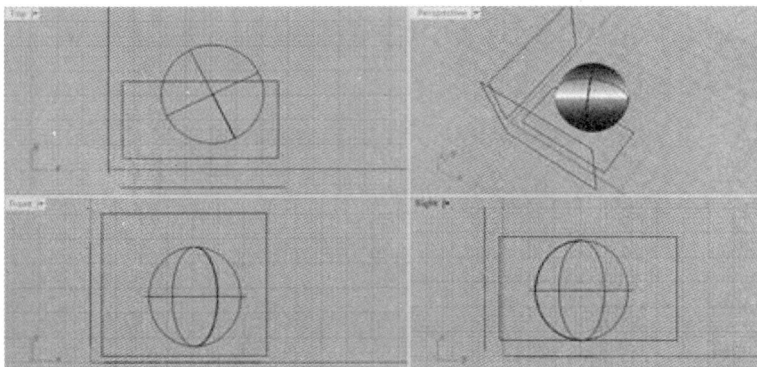

图3-16　视窗内的工作平面

您可以在此对工作平面进行设置，但一般情况下我们不会更改默认的工作平面，所以具体就不多讲了。只提醒一点：工作视窗的改变不能通过 Ctrl+Z 组合键还原，需要使用 Shift+Home 还原。

工作平面中的格线也和场景单位有关，您可以在菜单栏的"工具"—"选项"中设置场景单位和格线密度、大小（默认：1个格子表示1毫米），如图3-17所示。

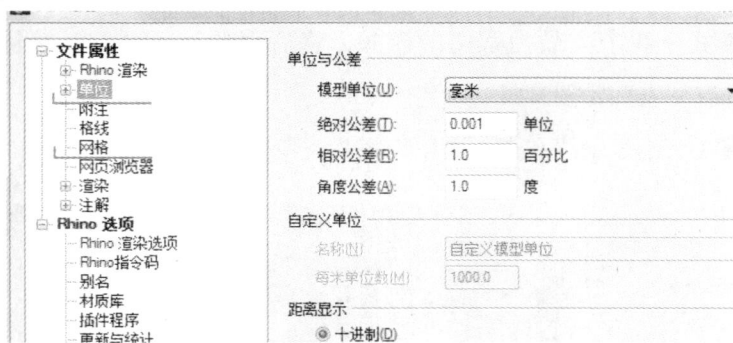

图3-17　进行场景单位和格线设定

46

（六）观看物体

在标准工具栏内提供了完整的观看工具集，但这些工具只能使用一次，较烦琐，我们应该记住观看物体的快捷键（图3-18）。

图3-18 观看物体的快捷键

旋转视图：鼠标右键。

平移：Shift+ 鼠标右键、Ctrl+Alt+ 鼠标右键、键盘的↑、↓、←、→键。

缩放：滑动鼠标滚轮、Pagedown 和 Pageup、Ctrl+ 鼠标右键、Alt+ 鼠标右键。

模型充满视图：Ctrl+Shift+E（和 SketchUp 一样）

上面很多功能有好几种操作的方法，只须记住最常用的即可，很容易掌握，但记住别与其他软件搞混了，譬如在 SketchUp 中最常用的一种键在 Rhino 中会弹出一个工具集，而不是旋转命令。

二、钥匙扣的创意制作

设计思路：钥匙扣是我们生活中常见的小饰品，其造型简单，是3D入门制作的常见实例，我们可以把自己喜欢的图案制作成精美的钥匙扣（图3-19）。

图3-19　独具个性的钥匙扣

（一）钥匙扣外框形状的设计

钥匙扣的外框形状，一般是指它的底面形状，通常可以是规则的图形，如圆形、方形，也可以是自由绘制的曲线形状，当然还可以是从外部图片中获取的某种形状。具体的做法：

1. 规则的图形

打开 Rhino 5.0软件，选择软件自带的标准图形按钮（图3-20），如圆形、方形、多边形……在 Top 视图中绘制即可。

图3-20　软件中自带的标准图形

以圆形为例，效果如图3-21所示。

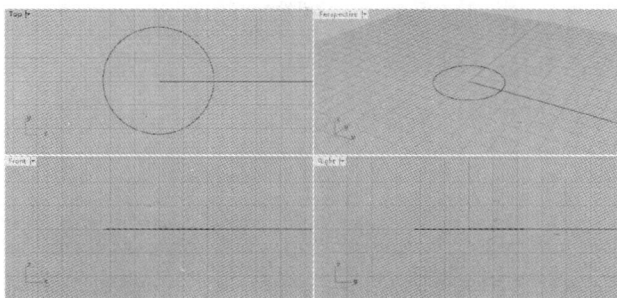

图3-21 圆形在工作面中的视图

2. 自由绘制曲线轮廓

Rhino 5.0自带了曲线工具，可以自由地绘制各种曲线形状，利用"曲线—控制点曲线"工具，可以绘制自己喜爱的图形，曲线的起点和终点重合的时候，曲线封闭。如果你的鼠标绘画功底不错，会有很多惊奇的收获哦！如果绘制得不够理想，可以按下 F10键，对曲线中的各控制点进行微调（图3-22）。

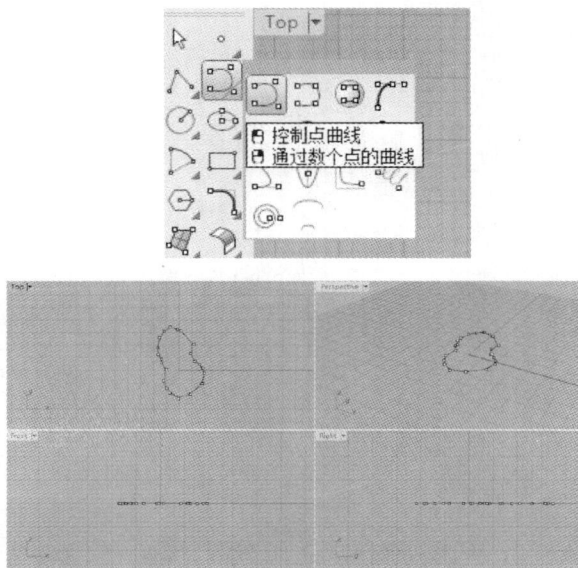

图3-22 绘制曲线轮廓

3. 某个外部图形的轮廓

如果你希望获得的形状是你看到过的喜欢的图形，如心形、卡通形状……这时候依旧可以利用 Rhino 5.0软件中的曲线工具进行绘制，但如果觉得自己的绘画功底有限，还可以借助外来图片作为参照物，进行勾边。具体方法：将下载的图片作为背景图放置到 Top 视图中，选择控制点曲线工具沿图片边缘勾边（图3-23 ~ 图3-24）。

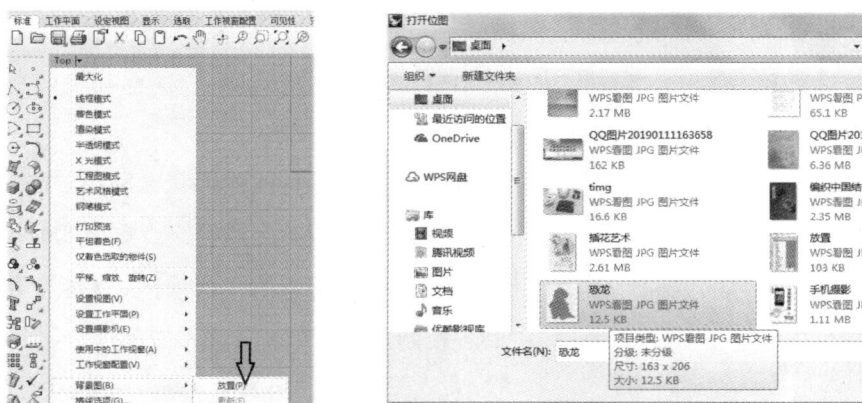

图3-23　加载页面恐龙图片

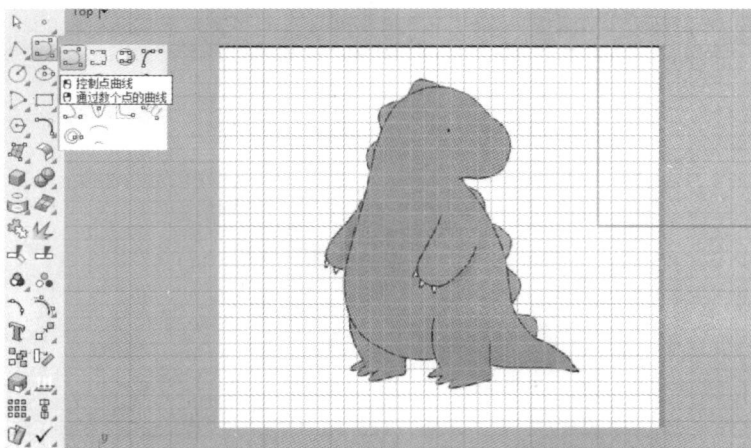

图3-24　将恐龙图片勾边

勾边完成后，将背景图从 Top 视图中移除（图3-25）。

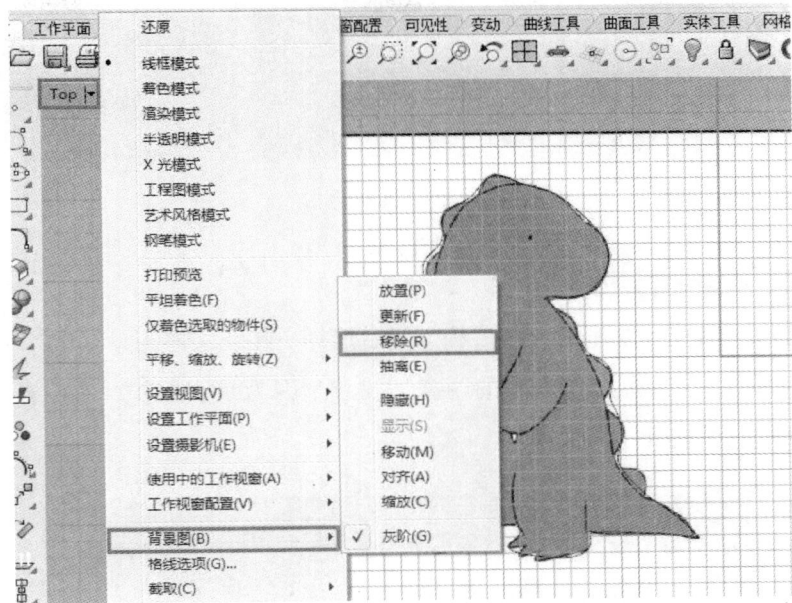

图3-25　移除恐龙图片

即可获得此卡通图案的底部形状（图3-26）。

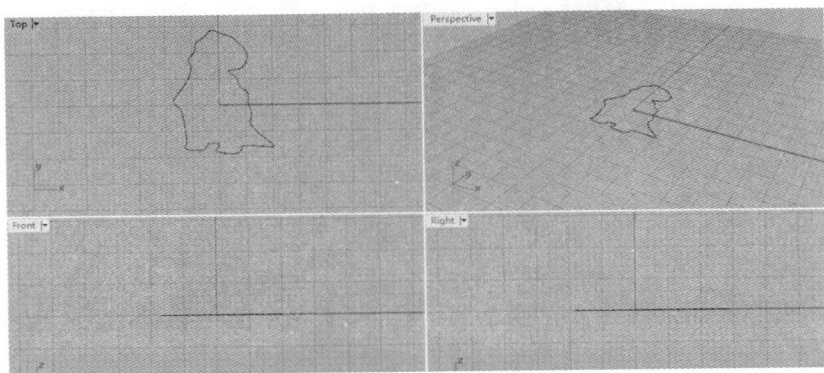

图3-26　恐龙图片勾边后在工作面中的视图

外部形状设计好后，不要忘了在建立实体之前先在底部形状上挖孔，即画一个小圆圈，这是我们后期打印后穿绳子或者金属圈的地方（图3-27）。

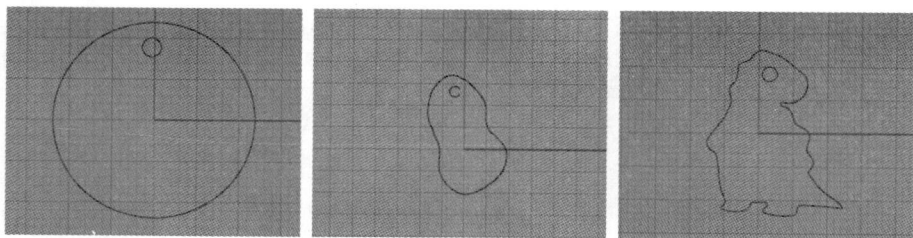

图3-27　设计挖孔

（二）钥匙扣实体的初建

用选取工具选定绘制的底部形状，然后选择"建立实体工具"中的"挤出封闭的平面曲线"，向上拉伸一定的距离，注意：因为是钥匙扣，所以在 Front 视图中注意抬高的尺寸（图3-28）。

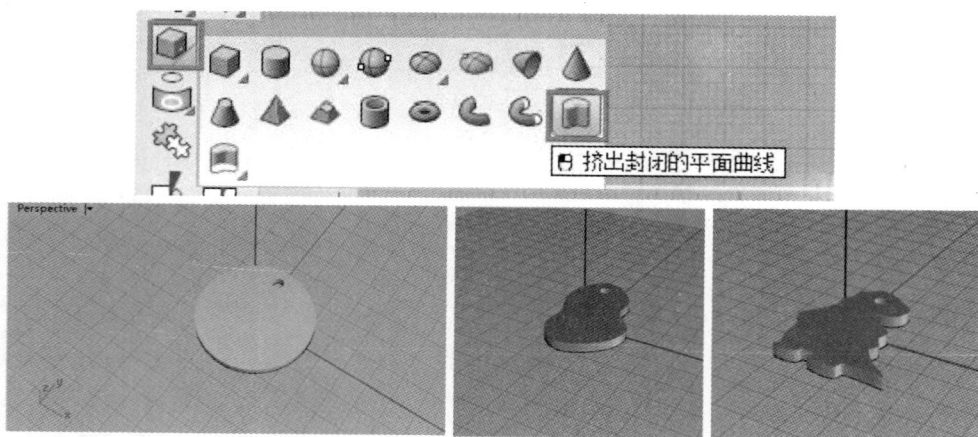

图3-28　设计出立体效果

（三）适当的修饰

当然，如果您想变化，还可以对生成的小钥匙扣进行修饰，比如镂空的效果、嵌入的效果等。例如，现在我们添加文字，做文字的镂空和嵌入效果。使用文字物件工具，在 Top 视图中添加文字，选择合适的字体，建立文字实体（图3-29）。

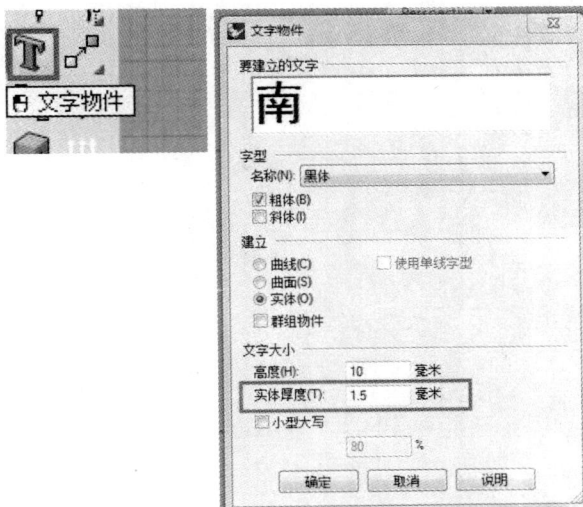

图3-29　建立文字实体

放入的文字实体如果过大，可以采用缩放工具加以调整（图3-30）。

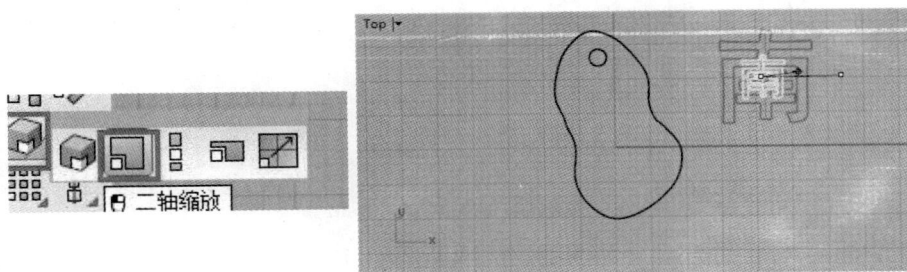

图3-30　调整文字大小

在 Front 视图中选中文字实体，并将其在垂直方向移动至合适位置。使用"布尔运算联集"中的"布尔运算差集"工具，将两个实体做差集运算。注意："选取要被减去的曲面或多重曲面"是钥匙扣实体，"选取要减去其他物件的曲面或多重曲面"是后来添加的文字实体。

注意：这里的文字实体厚度决定了后面做出来的效果是镂空的还是嵌入的。

当文字实体厚度大于钥匙扣实体的厚度时，布尔运算后的效果便是镂空（图3-31）。

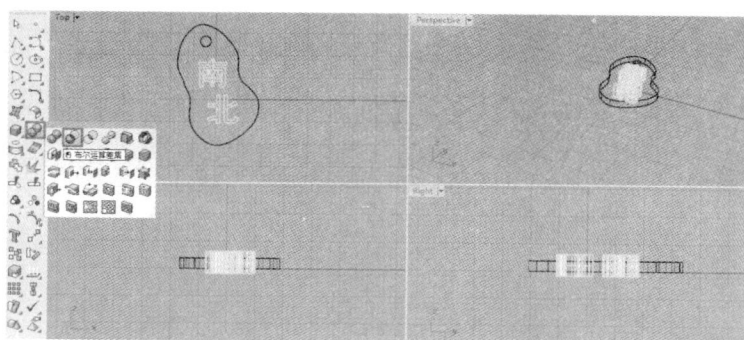

图3-31　镂空文字的设计

当文字实体厚度小于钥匙扣实体的厚度时，布尔运算后的效果便是嵌入（图3-32）。

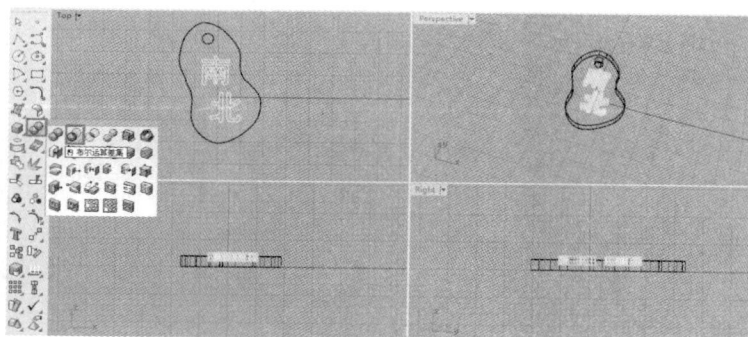

图3-32　嵌入文字的设计

用3D打印机打印，自由设计的钥匙扣就做好了（图3-33）。你会了吗？

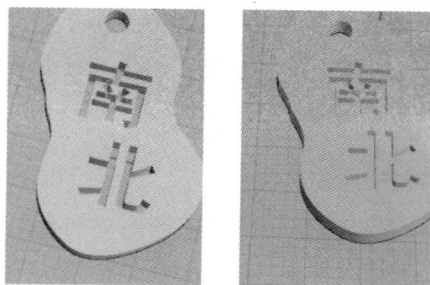

图3-33　3D打印机打印出的镂空和嵌入文字的钥匙扣

拓展环节：

运用本节课学习到的知识，您还可以创意制作出更多更美观的钥匙扣（图3-34）。

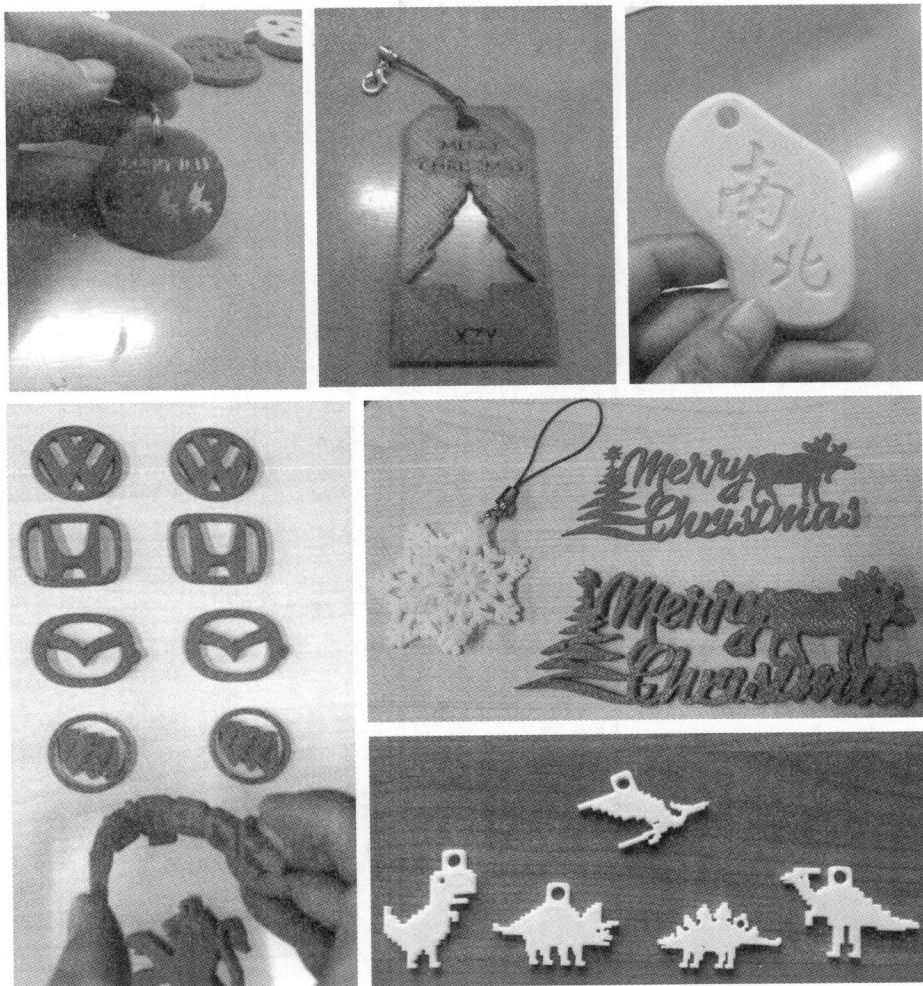

图3-34　创意3D打印钥匙扣欣赏

三、多样笔筒的创意制作

设计思路：笔筒是我们常用的办公学习用品，这节课我们就来设计一款美观实用的创意笔筒。

（一）笔筒底部形状的绘制

丰富多彩的底部形状可以塑造出变化多样的笔筒形象。和钥匙扣、书签等作品类似，丰富的底部形状大致可以分为以下三种类型。

一是规则的图形，如圆形、正方形、五边形……

二是某个外部图形的轮廓。如果你希望笔筒底部是你看到过的喜欢的图形，可以借助外来图片作为参照物，进行勾边。具体方法：将下载的图片作为背景图放置到 Top 视图中，选择"控制点曲线"工具沿图片边缘勾边。勾边完成后，将背景图从 Top 视图中移除，即可获得此卡通图案的笔筒底部形状。

以上两种类型的制作方法可以参考"钥匙扣的制作"一例。接下来，我们选一例介绍自由绘制的底部形状。

三是自由创作某种造型。如果笔筒的底部是一个特殊的不规则形状，我们往往会同时使用多种工具。下面，我们来详细介绍设计过程。

1. 在 Top 视图中绘制一个圆形（图3-35）。

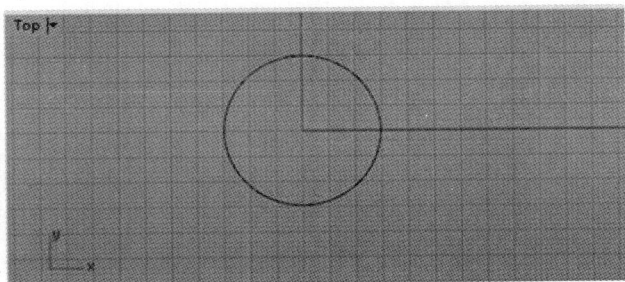

图3-35　绘制标准圆形

2. 选择控制点曲线工具，绘制如图3-36所示的曲线。

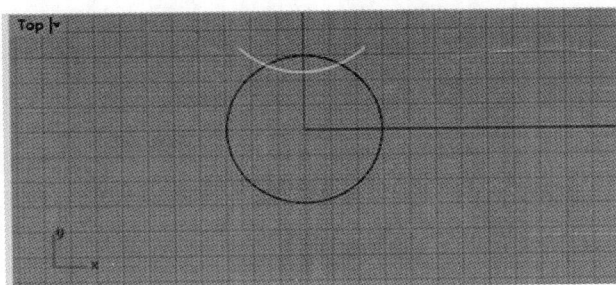

图3-36　绘制曲线

3. 复制此曲线，选择 （"2D旋转"按钮），将此曲线依次旋转90°、180°、270°（图3-37）。

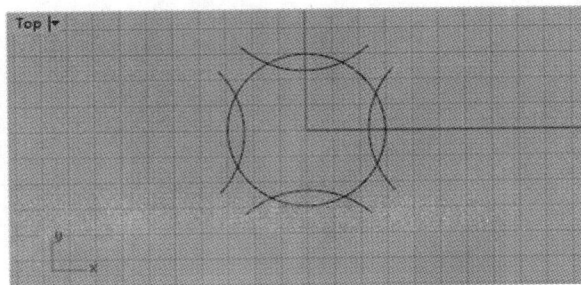

图3-37　绘制更多曲线

4. 选择 （"修剪"工具），将圆外面多余的曲线修剪。注意："选取切割用物件"是圆，选取后按 Enter 键确认，"选取要修剪的物件"是外围多余的曲线，依次选取修剪完成后按 Enter 键确认（图3-38）。

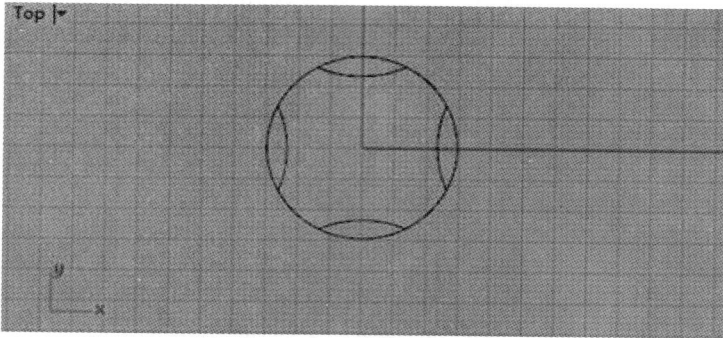

图3-38　修剪外围多余曲线

5. 选择 （"分割"工具），用曲线将圆分割成若干段弧线。注意："选取要分割的物件"是圆，选取后按 Enter 键确认，"选取切割用物件"是曲线，选取后按 Enter 键确认，依次删除不需要的弧线，便出现了自由设计的图形（图3-39）。

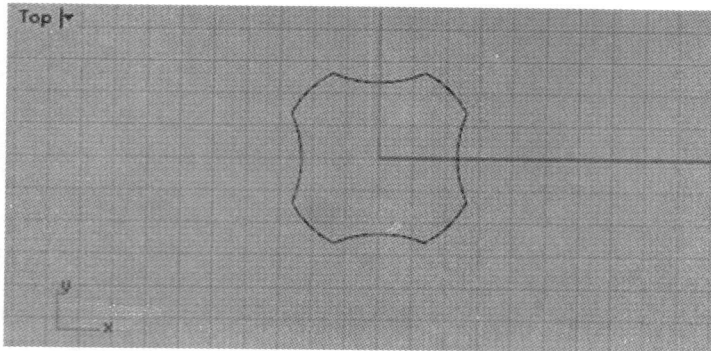

图3-39　将圆形分割，留下自由设计的图形

6.但此时每一段弧线都是不相连的，所以还需要利用"衔接曲线"工具，将这些弧线连接成一个完整的曲线。注意：衔接曲线的时候，选择 （"衔接曲线"工具），再依次点击相邻的2条线段的2个端点，即会出现相关选项，如图3-40所示，勾取如图选项即可。共8个点连接完成后，即成为一条完整的封闭曲线。

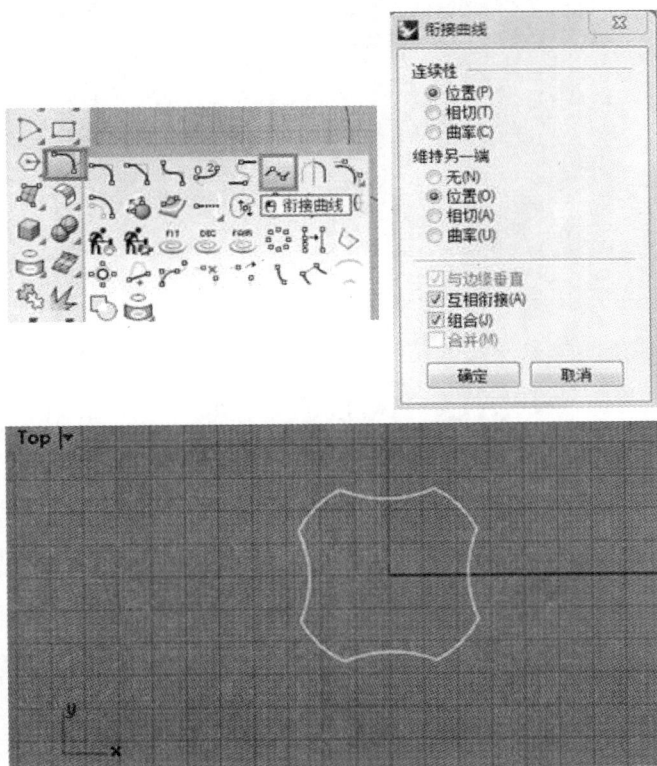

图3-40　衔接曲线及相关选项

现在，一个自由创意的笔筒底部图形就做好了。

（二）笔筒主体的制作

无论底部是什么形状的笔筒，当绘制完底部图形后，都可以选取底部图形曲线，然后选择"建立实体工具"中的"挤出封闭的平面曲线"，生成笔筒的主体部分，如图3-41所示。

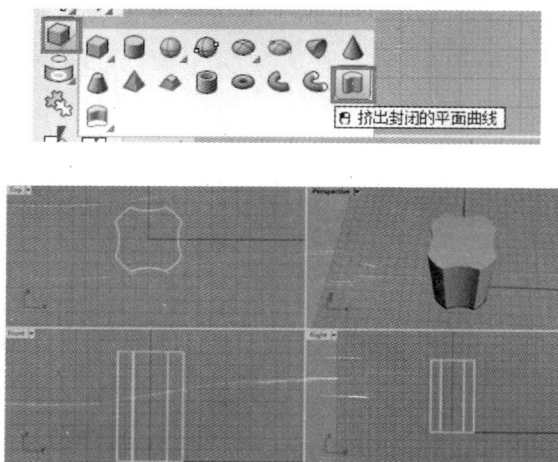

图3-41　生成笔筒的主体部分

　　但此时生成的实体是实心的柱体，我们还需要用到实体工具中的"封闭的多重曲面薄壳"工具，将柱体掏空，保留底部，生成真正的笔筒。注意："选取封闭的多重曲面要移除的面"应该是整个实体的上表面，选取后按 Enter 键确认（图3-42 ）。

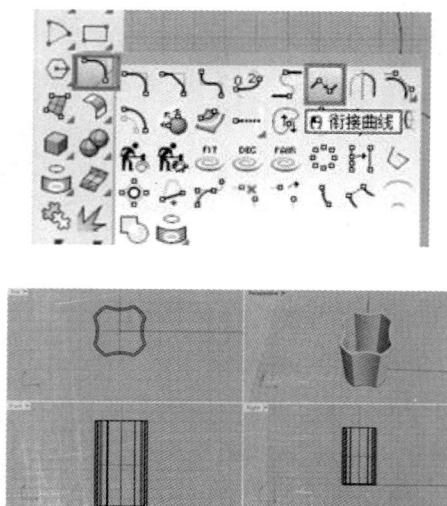

图3-42　生成真正的笔筒

至此，任何底面图形的笔筒都可以生成，如图3-43所示。

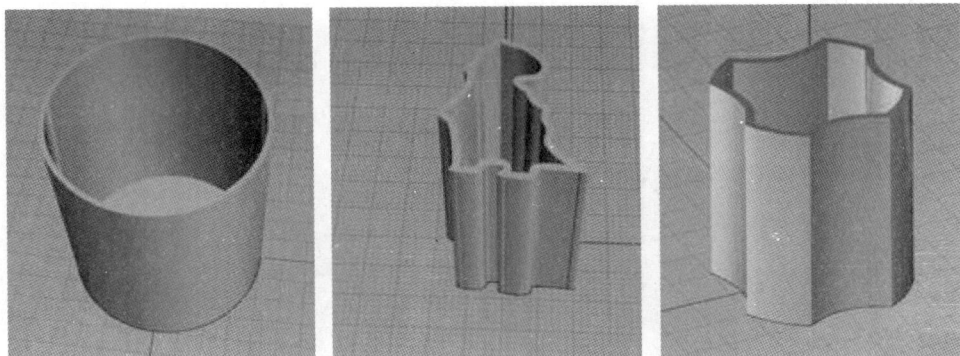

图3-43　可生成各种底面图形的笔筒

（三）笔筒外形的修饰

当然，你还可以对制作的笔筒加以修饰，比如侧面镂空、添加文字或者扭转外形等。这里介绍一下如何扭转外形。

选中实体，选择"移动"工具中的"扭转"工具，注意：使用的时候，先在 Top 视图中确定"扭转轴起点"为原点，可在参数栏里输入"0"；然后在 Front 视图中确定"扭转轴终点"为竖直方向的某一点，可按住 Shift 键保持方向垂直；最后回到 Top 视图中确定"角度的第一参考点"和"第二参考点"，确定扭转效果（图3-44）。

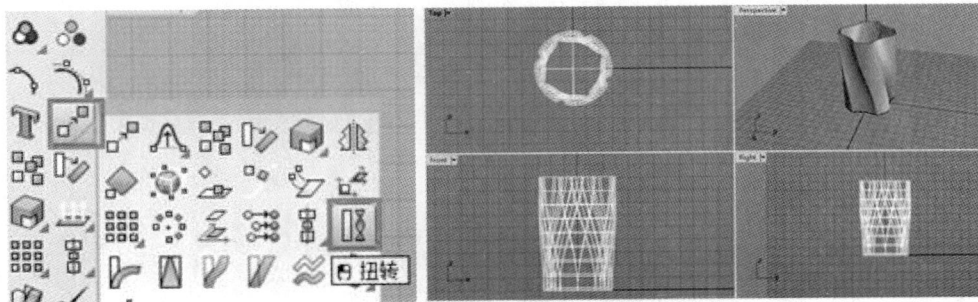

图3-44　对笔筒进行扭转

扭转的最终效果也是因人而异。你会了吗?

拓展环节:

运用本节课所学的知识,您还可以创意制作出更多更美观的笔筒(图
3-45)。

图3-45　创意3D打印笔筒欣赏

四、多肉植物小花盆的创意制作

设计思路：多肉植物是目前很多人喜欢种植的小盆栽（图3-46），种植者常常为自己心爱的植物选择美丽的小花盆，让其赏心悦目。如何制作出独具个性的多肉植物小花盆呢？

图3-46　赏心悦目的多肉植物盆栽

利用前面所学的知识，做以上三种小花盆都没有困难，但是像如图3-47所示的花盆，又该如何制作呢？

图3-47　多肉植物花盆

（一）花盆侧视图曲线绘制

1. 在 Front 视图中用"控制点曲线"工具绘制侧视图中花盆截面曲线。注意：起始点为原点，曲线起始部分 x 轴方向尽量保持一段直线，这样后面做出来的底面才会平稳，如图3-48所示。

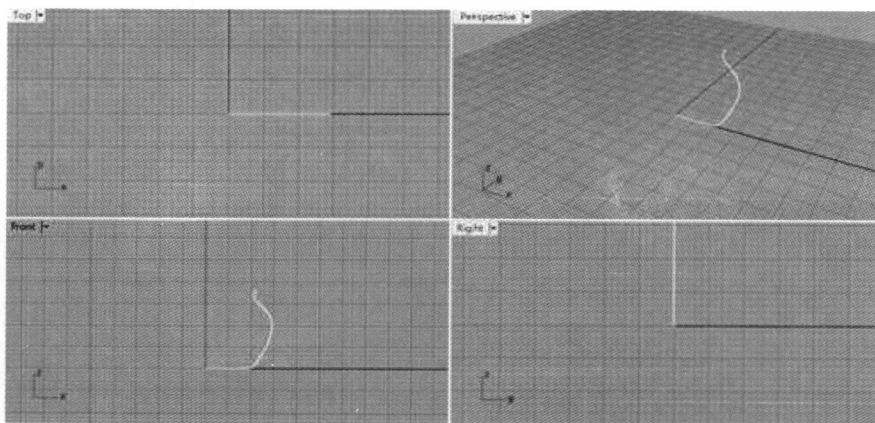

图3-48　花盆侧视图底面设计

2. 利用"曲线"—"偏移曲线"工具，将画好的这根曲线向内或向外偏移一定的距离（即盆壁的厚度）（图3-49）。

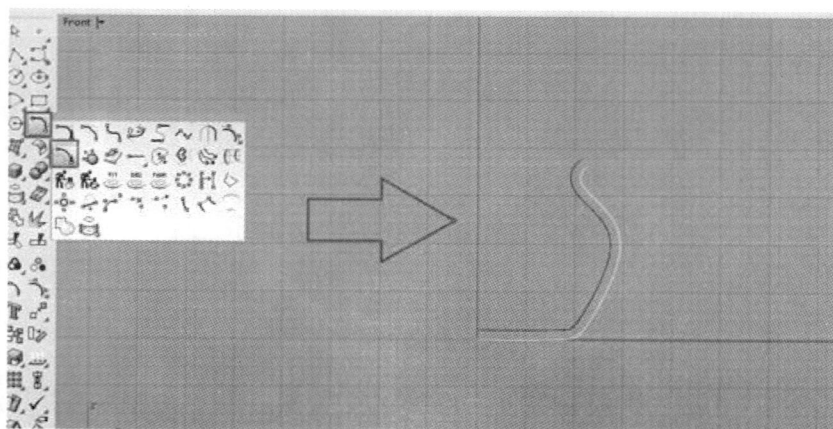

图3-49　曲线偏移

3. 在 Front 视图下将图形放大，利用曲线工具绘制小短弧线，利用衔接曲线工具将小短弧与两根曲线分别衔接，形成一根完整的曲线（图3-50）。

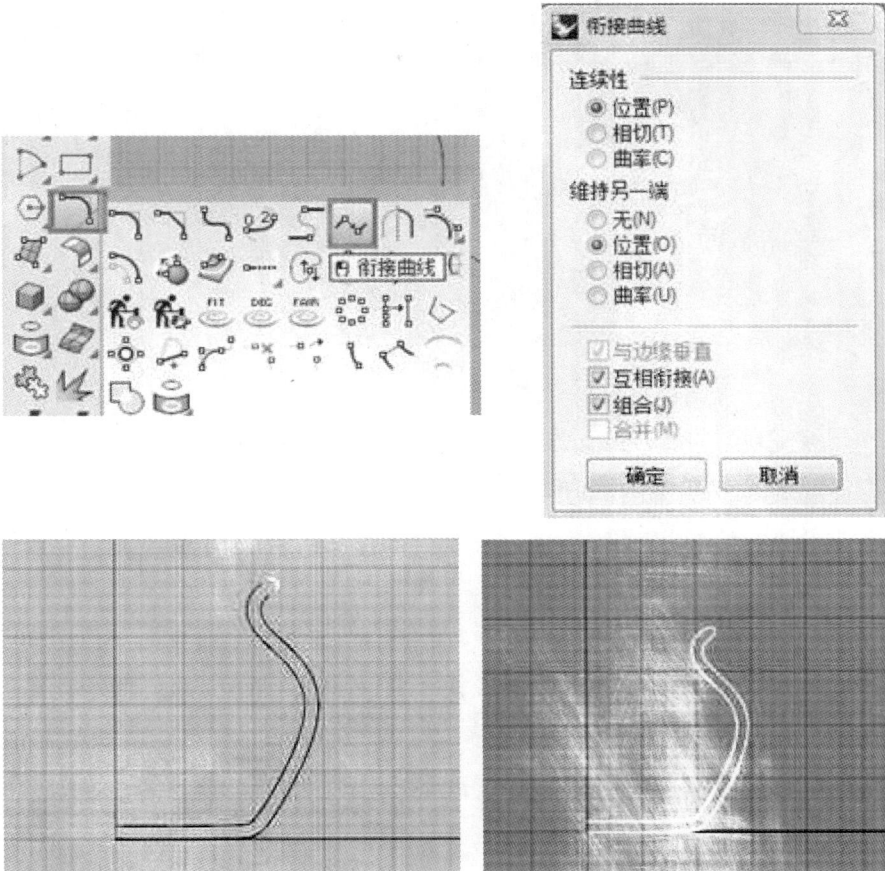

图3-50　衔接曲线

（二）旋转曲面，构建实体

1. 在 Front 视图中利用"指定三到四个角建立曲面"中的"旋转成形"工具，将曲线从原点出发，将 z 轴方向（按住 Shift 键保持垂直）作为旋转轴，在 Top 视图中设置旋转的起始点为0，旋转的角度为360°，即可旋转成花盆实体（图3-51）。

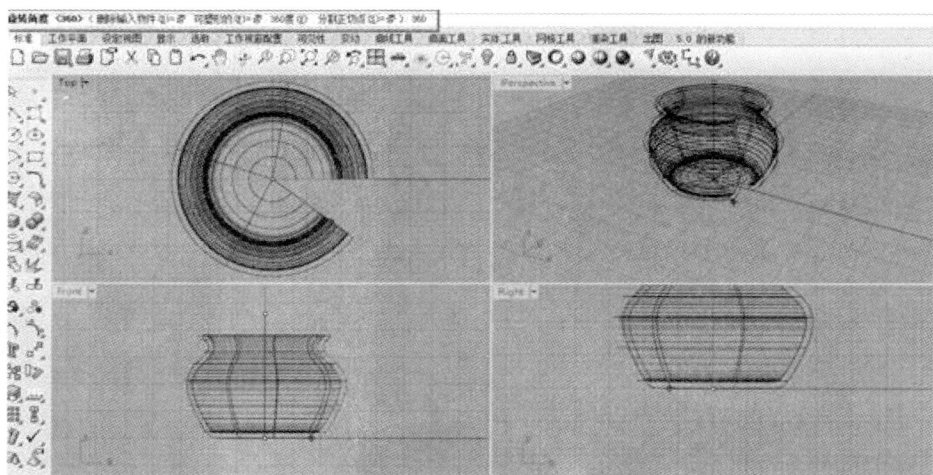

图3-51　旋转曲面，构建花盆实体

2.删除多余的曲线，留下的多重曲面就是我们需要的花盆实体。只要您想好了花盆造型的侧面截图是什么形状的曲线，绘制后旋转成形就可以得到您自己设计的花盆啦（图3-52）。您会了吗？

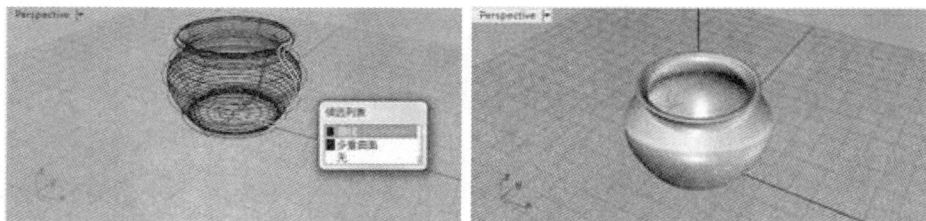

图3-52　删除多余曲线，得到花盆实体

3.同样的方法，我们还可以制作碗碟、花瓶、工具筒等各种容器，赶快去试试吧（图3-53）！

图3-53　创意3D打印容器欣赏

五、圆形印章的创意制作

本教程就制作外形为圆形印章作为范例。印章里面的内容可以尝试图案、花纹、环绕文字等。

重点工具：圆柱体、布尔运算差集。

印章造型主要为圆柱体，用两个圆柱体相减得到基本雏形，再加入文字、图案，调整合适位置。

1. 选择"建立实体"—"圆柱体"。在 Top 视图中，输入0，单击 Enter 键（以坐标轴原点为圆心点），按鼠标左键拖曳形成圆形，再在 Front 视图拖曳印章的高度（图3-54）。

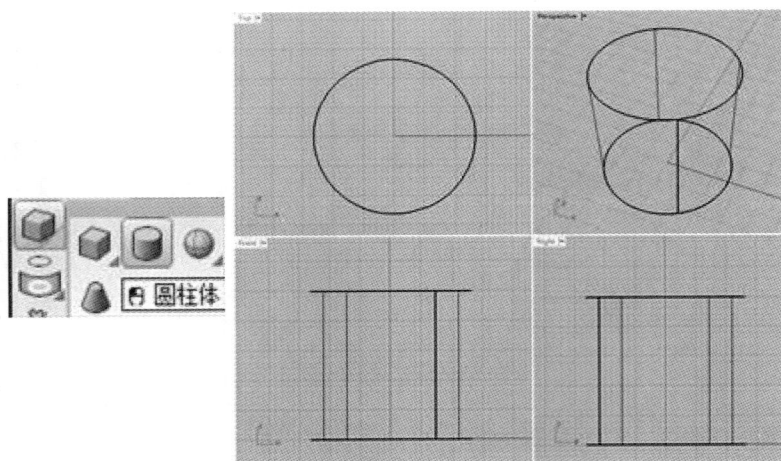

图3-54　建立圆柱体

2.再使用"圆柱体"工具，绘制一个同样圆心位置小一点的圆柱体，放在如图3-55所示位置（如要水平或者垂直移动对象，可以按住Shift键拖动）。

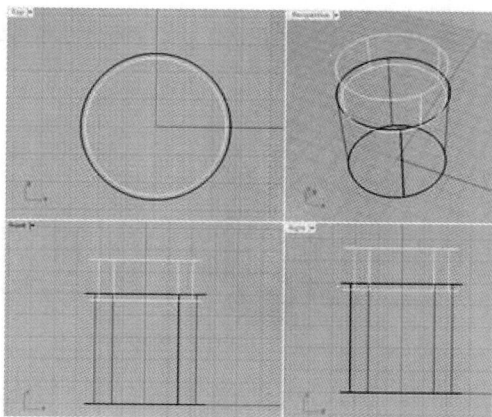

图3-55 放入小一点的圆柱体

3.取消选择，选择"实体工具"—"布尔运算差集"，按工具栏上方提示操作，先选大的圆柱体，点击Enter健，再选小的圆柱体，点击Enter健，得到印章的边缘（图3-56）。

图3-56 设计印章边缘

4.选择 （"控制点曲线"工具），在Front视图中，依次按住鼠标左键绘制出图案，点击右键确认绘制完毕。这里绘制的是叶子造型，可以通过复制，"2D旋转"、"缩放"中的"二轴缩放"，调节其余叶片，摆出合适造型，此例调节均

69

以下方为轴点进行旋转、缩放（自己可以尝试其他造型图案），如图3-57所示。

注意：绘制出的曲线尽量不要相交。

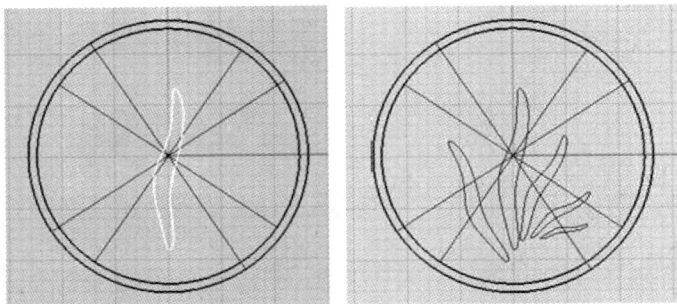

图3-57　绘制印面图案

5. 点击"建立实体"—"挤出封闭的平面曲线"，选择5根曲线，先点击Enter健，再按住鼠标左键拖曳出一定的厚度。在 Front 视图中，按住 Shift 键，将其移动到印章顶端，将下方多余曲线删除（图3-58）。

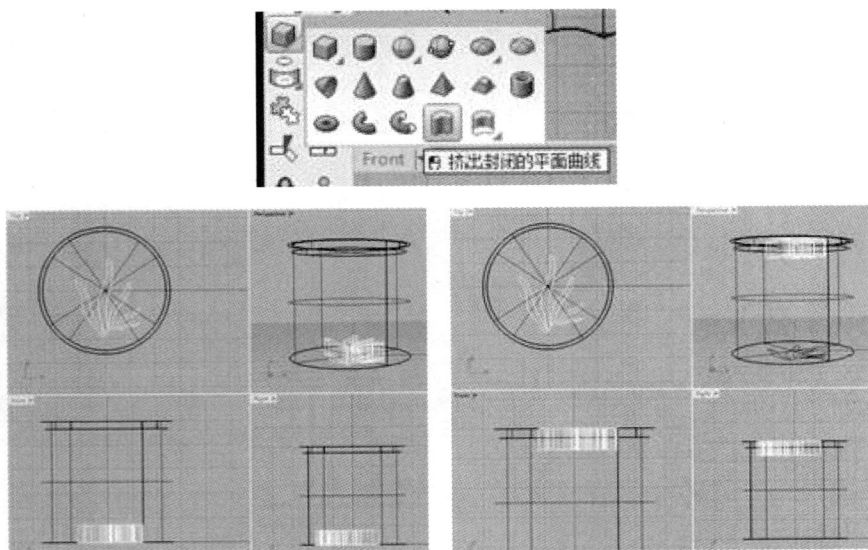

图3-58　生成印面实体图案

6. 选择 🆃（"文字物件"工具），跳出文字物体属性框，输入文字，按鼠标左键选择字体、大小、厚度，点击 Enter 健，在 Top 视图空白处点击，得到如图3-59所示的文字。

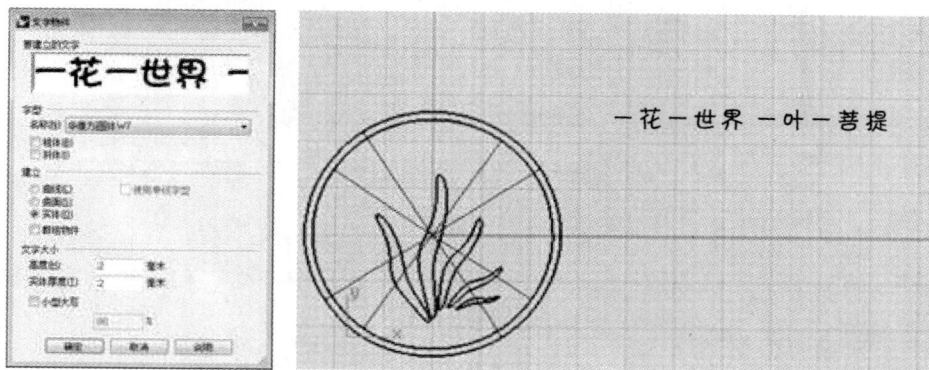

图3-59　设计印面文字

7. 选择 🅳（"圆弧"工具），在文字周围绘制圆弧，再选择 🅽（"直线"工具），在文字下方绘制一条直线，如图3-60所示。

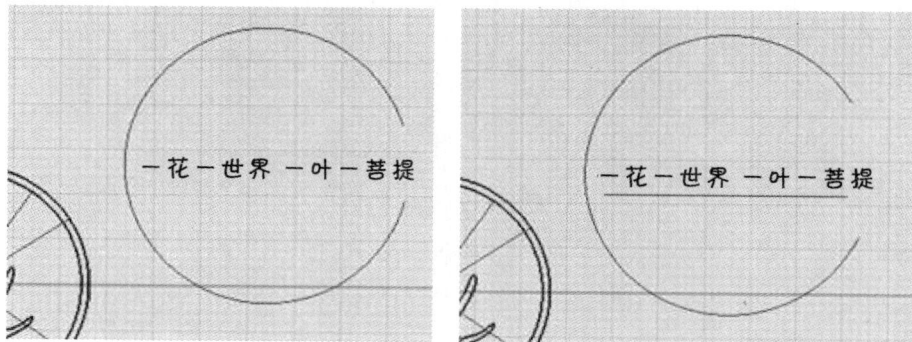

图3-60　将文字做入印面图形内

8. 单击"变形"—"沿着曲线流动"按钮，先选中文字，点击 Enter 健，再选中直线，然后选中圆弧，得到如图3-61所示的效果。

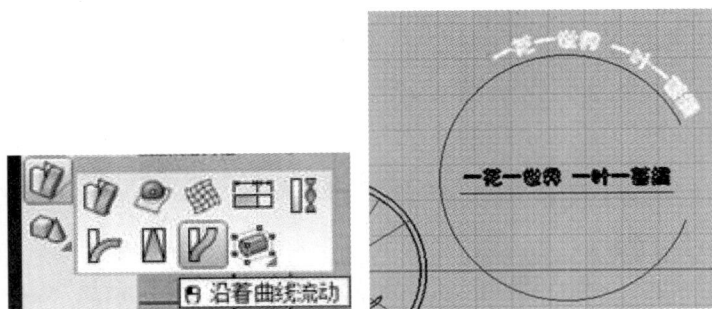

图3-61　将文字沿曲线移动

9. 在 Top 视图中，选择 ▧（"2D 旋转"工具），将文字旋转到合适角度，选择"缩放"—"二轴缩放"，调整文字大小，并删除多余文字和曲线，移到印章指定部位，如图3-62所示。

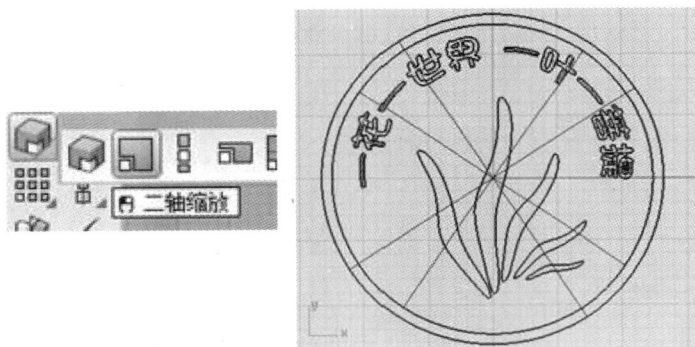

图3-62　将文字移入印章指定位置

10. 由于印章文字印出来是反转的，在 Front 视图中，用 （"2D 旋转"工具），将文字旋转180°，按住 Shift 键，垂直移动到顶端对齐，得到如图3-63所示的结果。

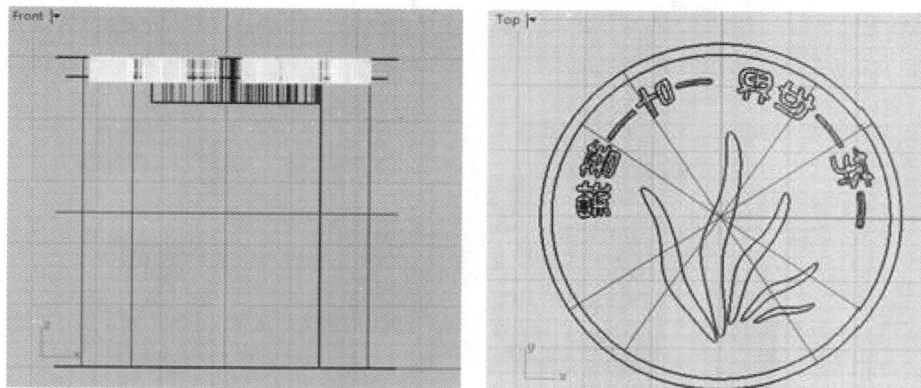

图3-63 将印面文字旋转，印章图案设计完成

最终形成如图3-64所示的效果。

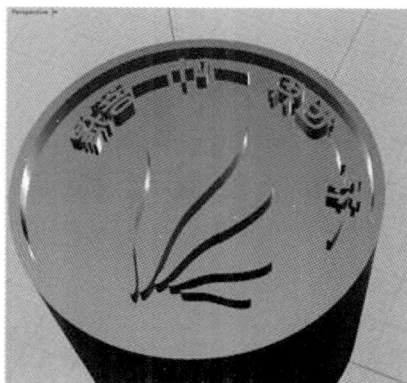

图3-64 3D打印出创意印章效果图

打印出来后，可以用细砂纸将表面磨平。

拓展环节：

运用本节课学习到的知识，您还可以创意制作出更多、更美观实用的印章，以下为创意3D打印印章欣赏（图3-65）。

图3-65　创意3D打印印章欣赏

六、饼干模具的创意制作

设计思路：每每路过甜品店都会被那些可爱的饼干萌化，作为一个吃货，过生日或节日派对时，也想制作出萌化人心的可爱甜点，因此趣味饼干模具就成了必不可少的工具……虽然网上和实体店都有卖的，但是总归没有自己制作的有新意。拿出自己 DIY 的模具压制烘焙出的饼干，让小小的派对更加有趣。

较简单的饼干模具，只需要制作一个压制的外形即可，稍微复杂一点的还须在饼干上印制花纹或文字，这里以一款圣诞树造型饼干模具为例，希望学习之后发挥你的创意，制作出你的专属美食。本例分为模具外壳、内部装饰物件、连接外壳与内部装饰三部分，分别进行介绍。

（一）（圣诞树）模具外壳

重点工具：曲线、偏移曲线、挤出封闭的平面曲线。

1. 在 Front 视图中，选择"曲线"工具，绘制模具边缘造型曲线，形成闭合曲线（图3-66）。（如果绘画功底不自信，也可将外来图片加载在后方描绘，方法请参看步骤2）绘制好后直接看步骤3。

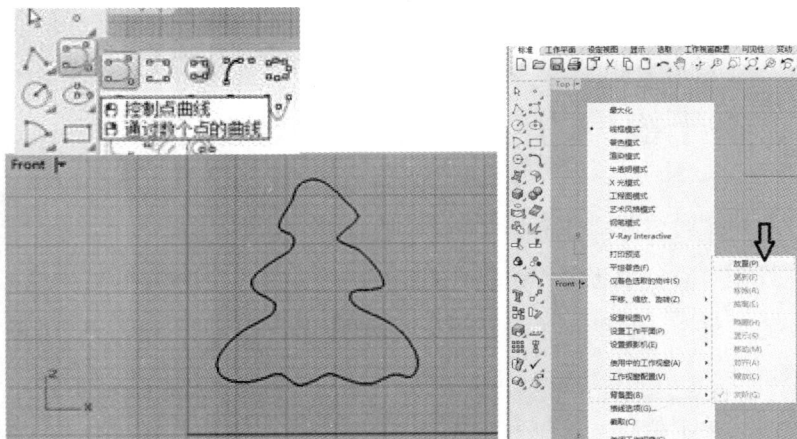

图3-66　绘制闭合曲线

2. 单击 Front 视图 "背景图" 按钮，选择 "背景图" —— "放置" 工具，选择外部图片文件，加载进来，用于辅助绘制曲线（可以选择背景图中其他选项用于放大、缩小、移动等调整图形至合适位置）。使用 "曲线" 工具，沿着圣诞树边缘点击，直至形成闭合曲线（图3-67左图）。绘制完成后，点击 "背景图" —— "移除" 工具，移除掉背景图（图3-67右图）。

图3-67　用背影图勾出闭合曲线

3. 选中闭合曲线，点击"曲线工具"—"偏移曲线"工具，在内侧拖曳出一个小一圈的曲线，距离可根据上方工具栏提示调整。两个曲线之间的距离即是要做的模具外壳厚度（图3-68）。

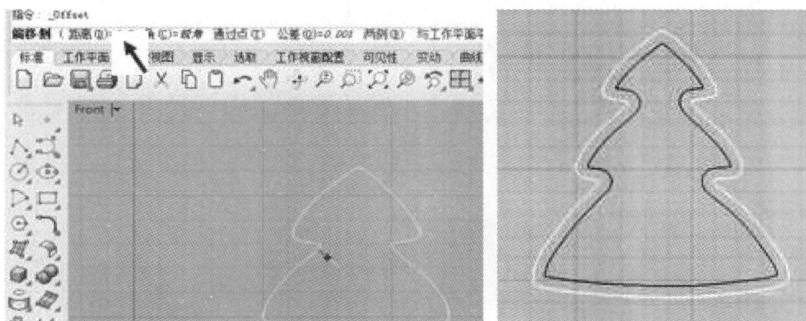

图3-68　偏移出模具厚度

4. 同时选中两根曲线（按住 Shift 键，依次点击曲线），点击"建立实体"—"挤出封闭的平面曲线"，在其他视图中拖曳出一定的高度，生成饼干模具的外壳厚度（图3-69）。

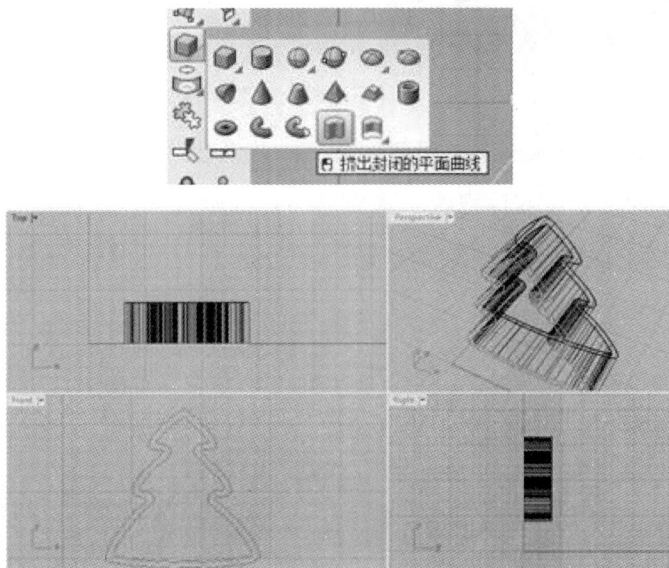

图3-69　生出模具实体外壳

（二）内部装饰物件

重点工具：圆、多边形、偏移曲线、挤出封闭的平面曲线。

此时模具已经可以压制饼干了，但是如果觉得单调，可在内部做些装饰，例如圆圈、星星等图案。此例以圆为例，绘制空心、实心的圆点缀饼干表面。

1. 在 Front 视图中，圣诞树区域内，用"圆""多边形"等工具，绘制若干大小不一的图形。如果是空心，仿照"步骤一"中的第3步，利用偏移曲线绘制同心曲线，造型如图3-70所示。多边形工具可按上方工具栏提示更改边数。

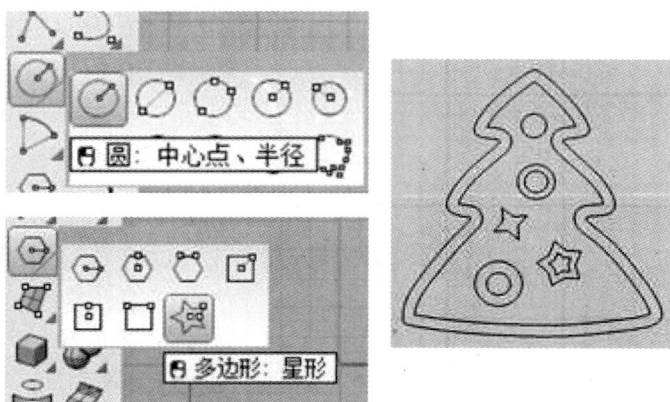

图3-70　添加圣诞树内部装饰物

2. 按住 Shift 键，依次选中圣诞树中所有的装饰曲线，点击"建立实体"—"挤出封闭的平面曲线"，在其他视图中拖曳出一定的厚度，这个高度要低于圣诞树外壳的厚度，用于在饼干面饼表面形成压花（图3-71）。

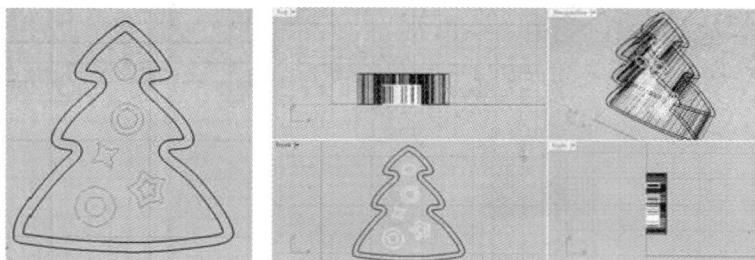

图3-71　建立实体，形成圣诞树表面压花

（三）连接外壳与内部装饰

重点工具：曲线、挤出曲面。

现在外壳和内部装饰是分开的，如果直接打印，模具是散的。接下来可在模具及装饰物之间建立连接物，考虑到节省打印材料，用简洁的线条绘制每个部分的连接图形，只要能连接上即可。

1.选择"曲线"工具，在各个装饰物与外壳之间绘制闭合曲线（图3-72）。

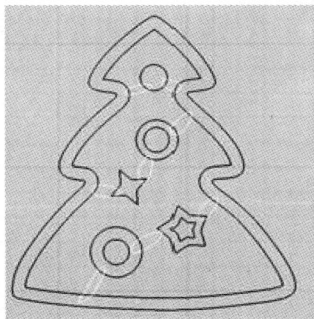

图3-72　绘制闭合曲线

2.选中所绘制的曲线，点击"建立实体"—"挤出封闭的平面曲线"，拖曳出一定的厚度，但比之前的装饰物和外壳都要薄，仅仅起连接作用（图3-73）。

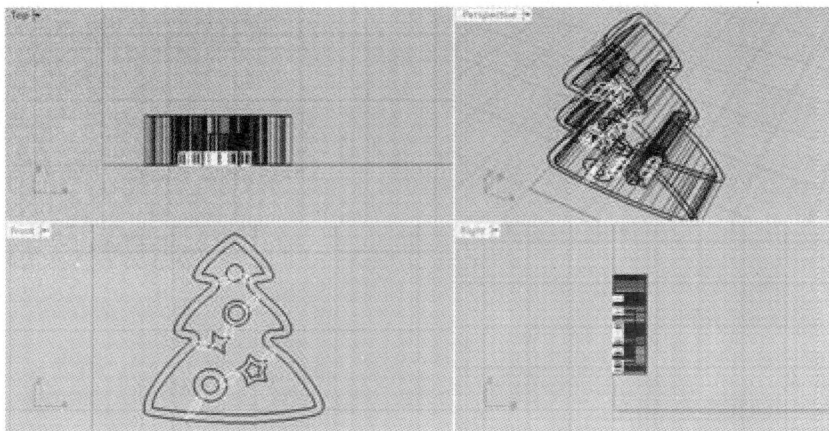

图3-73　形成实体圣诞树压花模具

至此，萌萌的圣诞树造型饼干模具就诞生啦！怎么样，你看着造型独特的饼干压花模具（图3-74），赶紧试试，压出饼干吧！

图3-74　饼干压花模具圣诞树图形

拓展环节：

运用本节课学习到的知识，您还可以创意制作出更多更美观实用的饼干模具（图3-75）。

图3-75　创意3D打印造型各异的饼干压花模具

七、笑脸手机架的创意制作

设计思路：现在智能手机的运用越来越普及，手机支架也成为生活中常用到的小物件。但是市场上大部分的手机支架性价比不高，学习了3D打印技术的您是否想发挥一下 DIY 的创新精神呢？

这里对3D打印梯形手机支架进行介绍，考虑到节省打印材料，对支架几个面进行了图案的挖空（图3-76）。学习以后可灵活变化，尝试不同的造型。

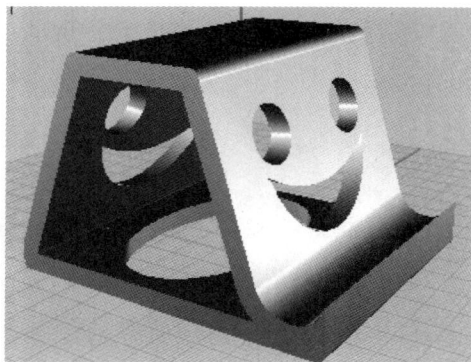

图3-76　镂空梯形手机支架

（一）支架基本造型

重点工具：曲线、偏移曲线、挤出封闭的平面曲线。

想好从侧面看支架的样子，可先在纸上绘制草图，放置手机的底面需要有一个弯钩区域。

1. 在 Right 视图，选择 ⬚（"控制点曲线"工具），按照草稿绘制出闭合的曲线（图3-77）。

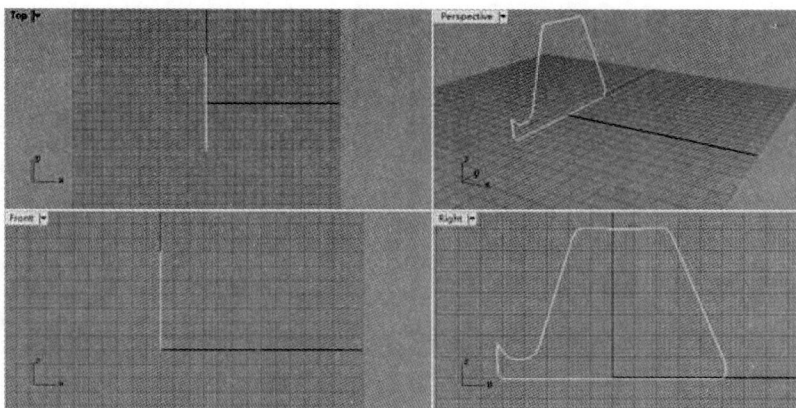

图3-77 绘制闭合梯形曲线

2.选择"曲线圆角"—"偏移曲线",选中要绘制的曲线,根据上方工具栏提示调整偏移距离 偏移侧（距离（D)=4）角（数值大小就是偏移的距离,即决定手机支架的厚度）,向内偏移,得到如图3-78所示的效果。

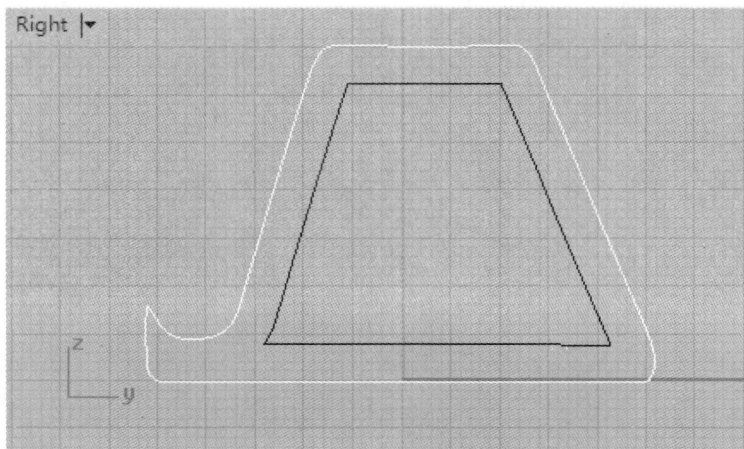

图3-78 偏移曲线形成支架外形

3. 同时选中两根曲线（按住 Shift 键依次选择），使用"建立实体"—"挤出封闭的平面曲线"，在其他视图中拉出手机支架的宽度（图3-79）。

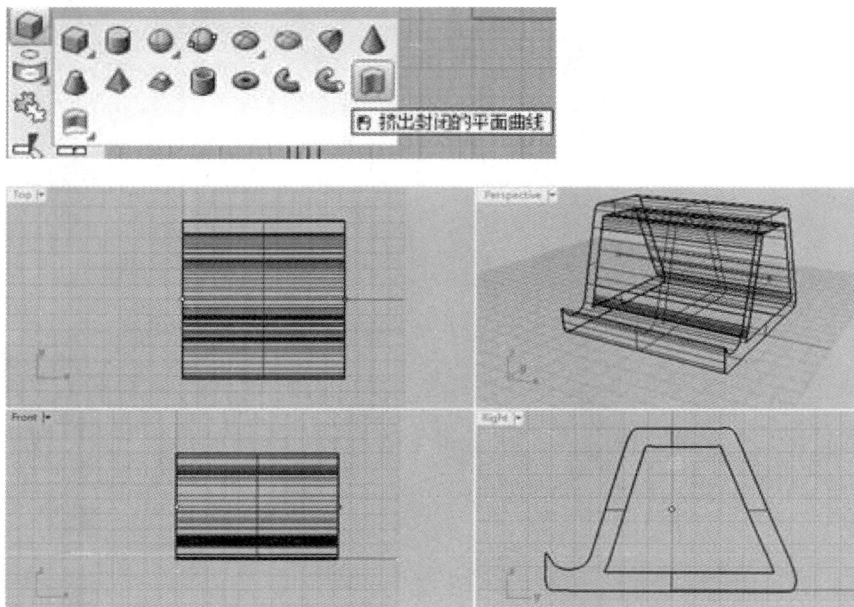

图3-79　建立手机支架实体

4. 选中多余的曲线，按 Delete 键删除。

（二）挖空

重点工具：椭圆、圆弧、挤出封闭的平面曲线、布尔运算差集、衔接曲线。

运用简单的造型挖空支架的各个实面，达到既美观又节省打印材料的目的。

1. 在 Top 视图，选择 （"椭圆"工具），在手机支架底面中心位置绘制椭圆（图3-80）。

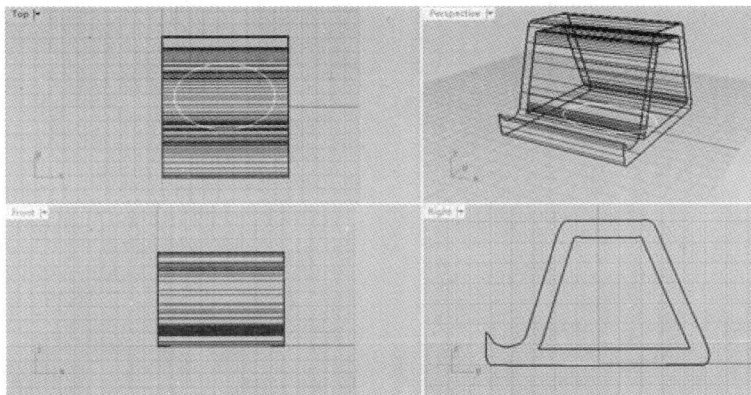

图3-80 在手机支架底面中心绘制椭圆

2. 选择"建立实体"—"挤出封闭的平面曲线"，在其他视图中，将椭圆挤出一定的高度（比手机座底面厚），移动椭圆体使其贯穿手机座底面（图3-81）。删除椭圆曲线。

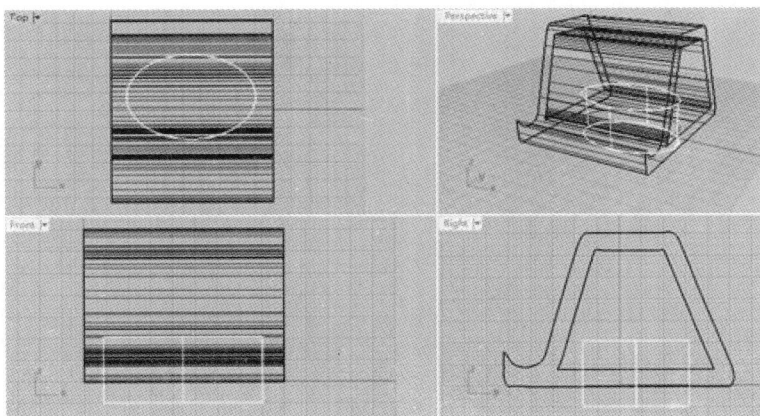

图3-81 在手机支架底座形成椭圆镂空

3. 取消所有选择，点击"实体工具"—"布尔运算差集"，根据上方工具栏提示，首先选中手机支架，作为被剪去的物件，点击鼠标右键确认，再选中椭圆体，作为要减去的物件，点击鼠标右键确认，得到底面被挖空的效果（图3-82）。

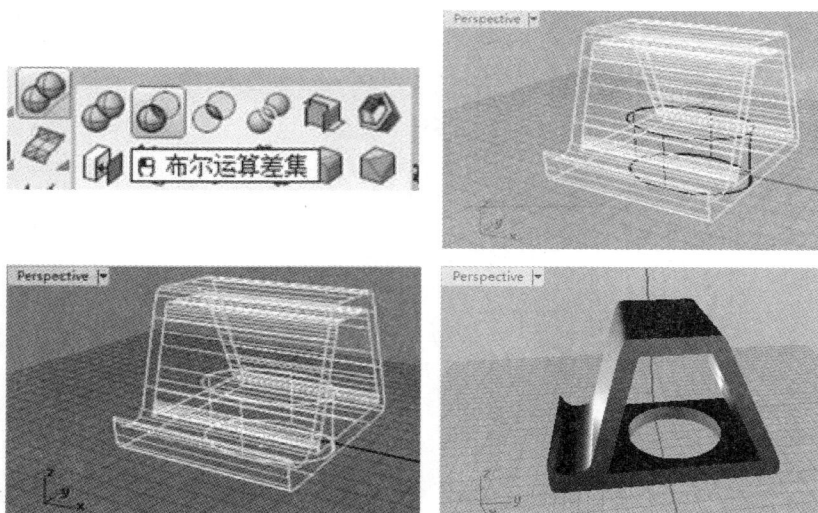

图3-82　在底座做出实物镂空

4. 在 Front 视图中，使用 （"椭圆"工具）绘制一个眼睛，利用复制、粘贴，绘出另外一个眼睛（图3-83）。

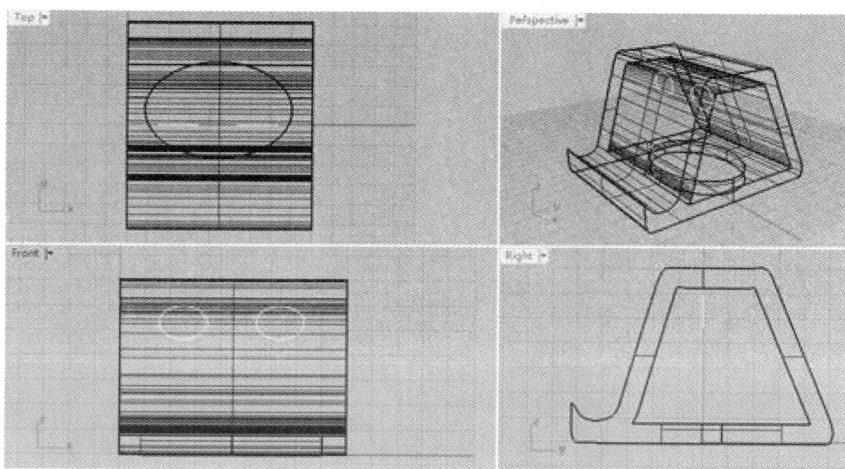

图3-83　在斜侧面绘制眼睛

5. 使用 ▷ "圆弧"工具，绘制嘴巴的上下两道弧线（如图3-84）。

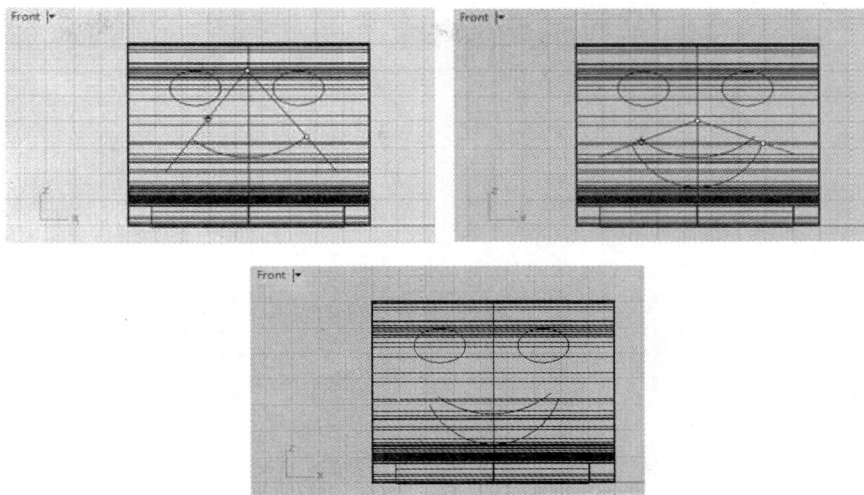

图3-84　在斜侧面绘出嘴巴

6. 选择"曲线工具"—"衔接曲线"，按照工具栏提示，点击两道弧线最接近的两端（嘴角端）；跳出"衔接曲线"对话框，选择："位置""位置""互相衔接""组合"，点击"确定"按钮（图3-85）。

图3-85　衔接各封闭曲线命令

7. 另外一端嘴角也重复此操作，最终形成如图3-86所示闭合曲线。

图3-86　将嘴角两端曲线闭合

8. 参照步骤2，选中眼睛和嘴巴曲线，使用"挤出封闭的平面曲线"，拉出一定厚度，贯穿手机支架的前后面（注意 Right 视图），如图3-87所示。

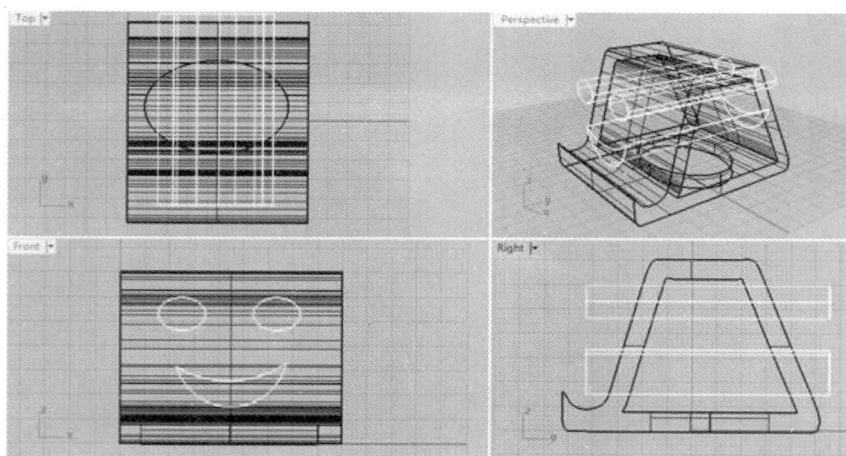

图3-87　选中支架前后面挤出视图

9. 参照步骤3，使用布尔运算差集，挖空 Front 视图中的笑脸造型，得到如图3-88所示的效果。

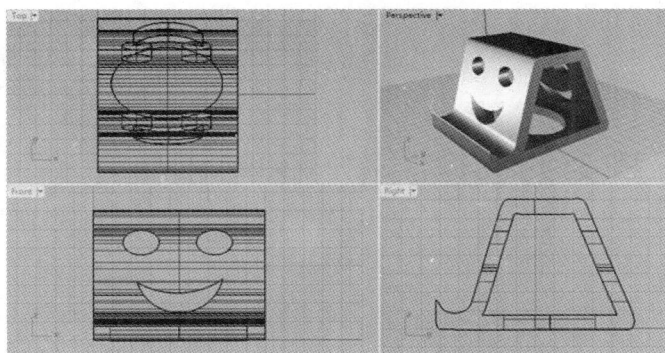

图3-88 生成支架实体

拓展环节：

您还可以发挥想象，创意制作出更多更美观的手机支架，图3-89所示是创意3D打印手机支架欣赏。

图3-89 创意3D打印手机支架欣赏

八、牙刷架的创意制作

设计思路：浴室里的小玩意儿，比如牙刷架，买来几乎都是差不多的样子，很多人甚至直接往牙刷杯中一放了事，还有些人会把一家人的牙刷都放在一起，这样不但牙刷没有一个通风良好的抑制细菌生长的环境，细菌还容易在牙刷间传播。如果你喜欢 DIY，可以用 PLA 材料结合3D 建模软件，制作出有创意个性的牙刷架，满足"通风卫生、单独使用"的要求。

这里教您制作一款火柴人造型的牙刷架（图3-90），以火柴人为造型基础，绘制出牙刷架身，利用头部的凹槽作为牙刷的卡槽。

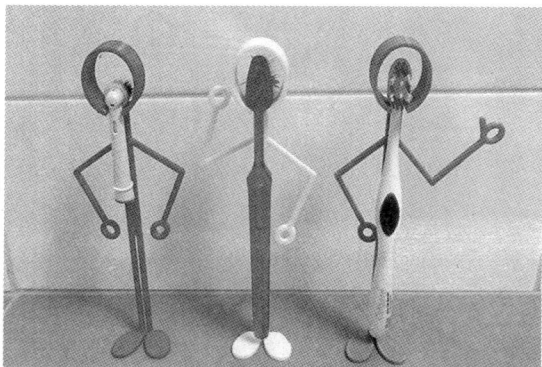

图3-90　个性牙刷架

（一）火柴人身体造型

重点工具：直线、椭圆、挤出封闭的平面曲线。

按照设计好的火柴人造型先利用直线工具绘制基本身体造型，作为牙刷架身。

1. 点击 Front 视图，选择"直线"—"多重直线"，绘制牙刷架身基本造型（图3-91）。

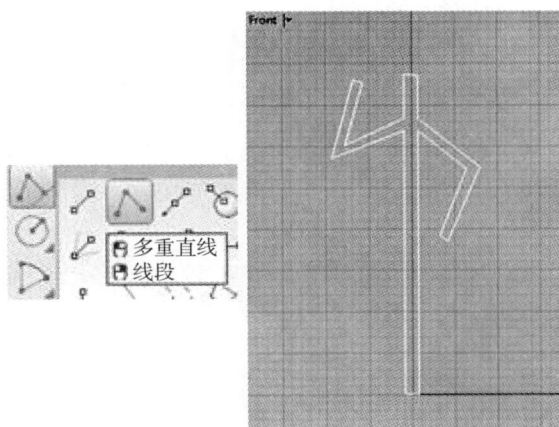

图3-91　绘制牙刷架身基本造型

2. 选择 ⊙（"椭圆"工具），绘制一个椭圆作为手部造型，通过复制，移动到另一只手的位置，得到效果如图3-92所示。

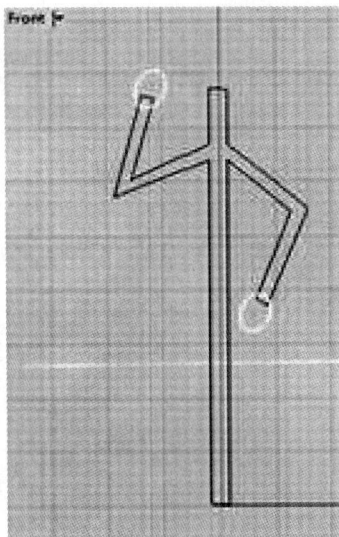

图3-92　绘制椭圆手部造型

3. 点击"曲线工具"—"偏移曲线"，点选椭圆曲线，在上层对话框内，点击偏移距离，输入适合的距离，点击 Enter 键，向内偏移出一个同心椭圆；另一

91

只手也用同样方法做出同心椭圆（图3-93）。

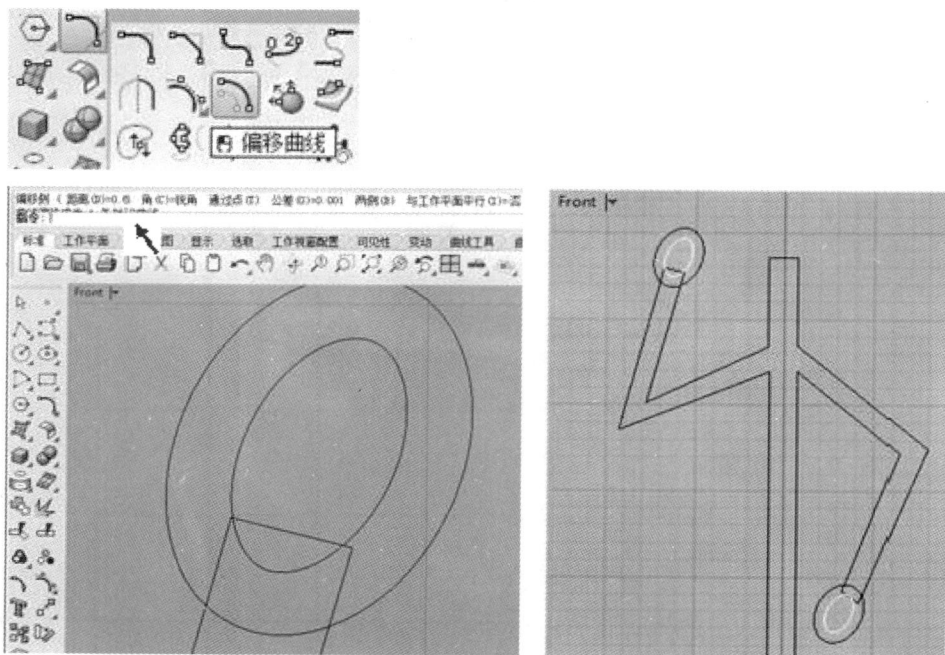

图3-93　绘制手部椭圆同心圆造型

4.选择曲线，点击"建立实体"—"挤出封闭的平面曲线"工具，结合其他视图，拖曳出一定的厚度，如图3-94所示，删除所有的曲线。

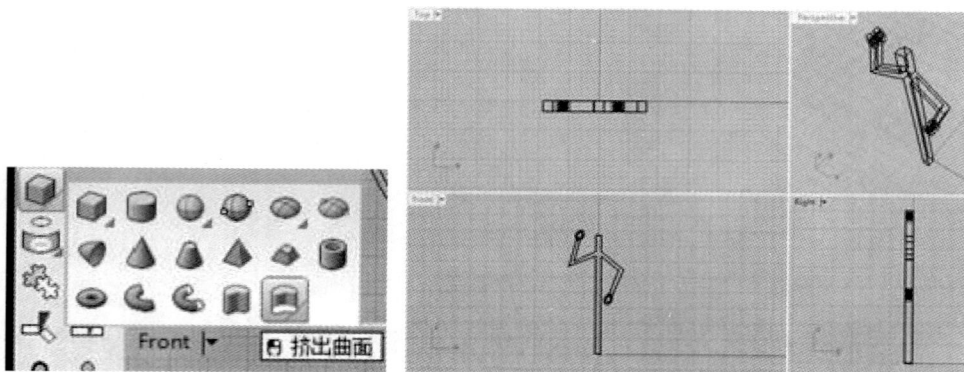

图3-94　做出牙刷架身实体造型

（二）火柴人头部造型

重点工具：圆柱管、缩放、布尔运算差集。

利用圆柱管拉出头部造型，利用布尔运算形成卡遭。

1. 选择"建立实体"—"圆柱管"，在 Front 视图结合其他视图绘制出圆柱管造型，厚度比身体多一些，作为头部基本造型，如图3-95所示。

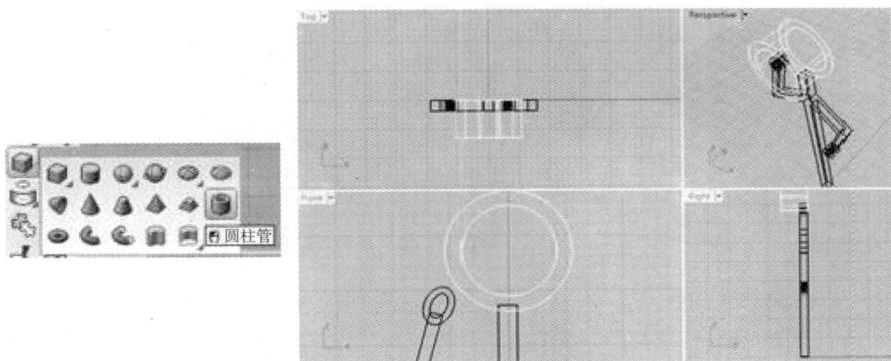

图3-95 绘制牙刷架头部造型

2. 如果觉得太圆，在 Front 视图中，可点击"缩放"—"单轴缩放"，将头部变为椭圆体，如图3-96所示。

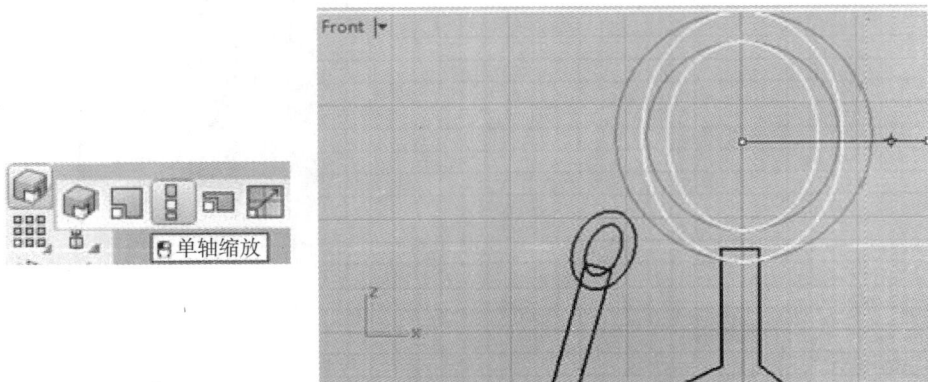

图3-96 将牙刷架头部变为椭圆

3. 选择 ▣（"立方体"工具），头部靠下方绘制一个立方体，如图3-97所示。

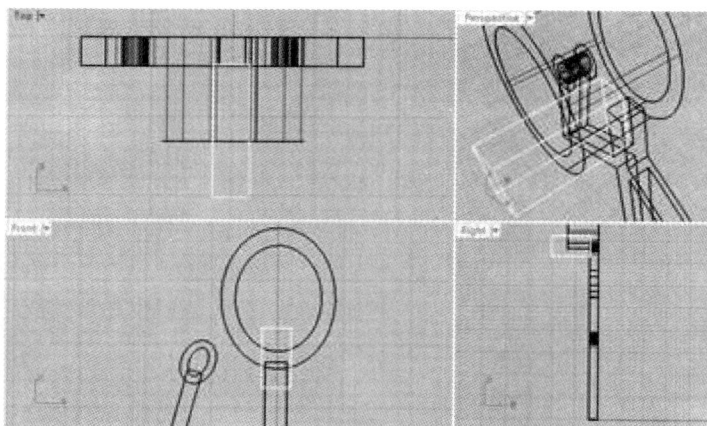

图3-97　牙刷架头部下立方体造型

4.选择"实体工具"—"布尔运算差集",按工具栏上方提示操作,先选圆柱体头部,点击 Enter 键,再选中立方体,点击 Enter 键,得到凹槽,如图3-98所示。

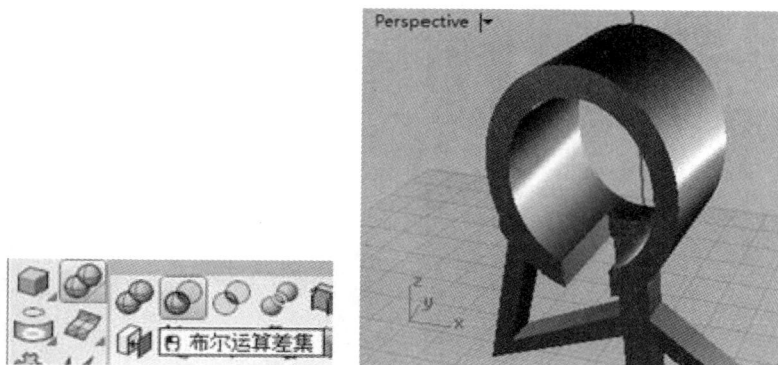

图3-98　头部立体造型及凹槽设计

(三)脚部支撑

重点工具:椭圆、镜像、挤出封闭的平面曲线。

绘制两个可爱的脚部造型,为了保持牙刷架平衡,脚部厚度厚一点。

1.使用 ⊙("椭圆"工具),在 Top 视图中,绘制脚部造型。椭圆一边边缘要与身体相交一点，以便一体打印，如图3-99所示。

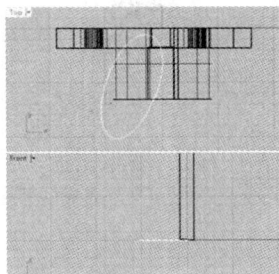

图3-99 绘制牙刷架脚部椭圆

2. 点击"变动"—"镜像"工具，在右边镜像复制出另一个椭圆，如图3-100所示。

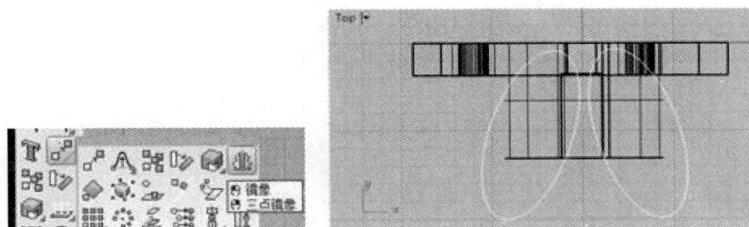

图3-100 复制另一个脚部椭圆

3. 选中两个椭圆，点击"建立实体"—"挤出封闭的平面曲线"工具，拖曳出一定的厚度以后，删除所有曲线，得出如图3-101所示的效果。

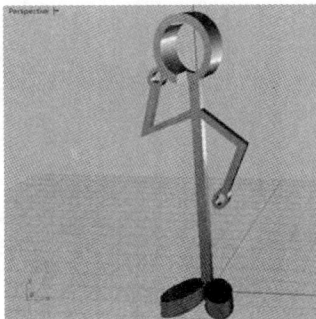

图3-101 完成牙刷架实体造型

您也可以参考不同人物造型，设计独创的牙刷架，可以参考图3-102。

图3-102 各不相同的牙刷架造型

拓展环节：

同学们还可以发挥想象，创意制作出更多、更美观的挂（支）架（图3-103）。

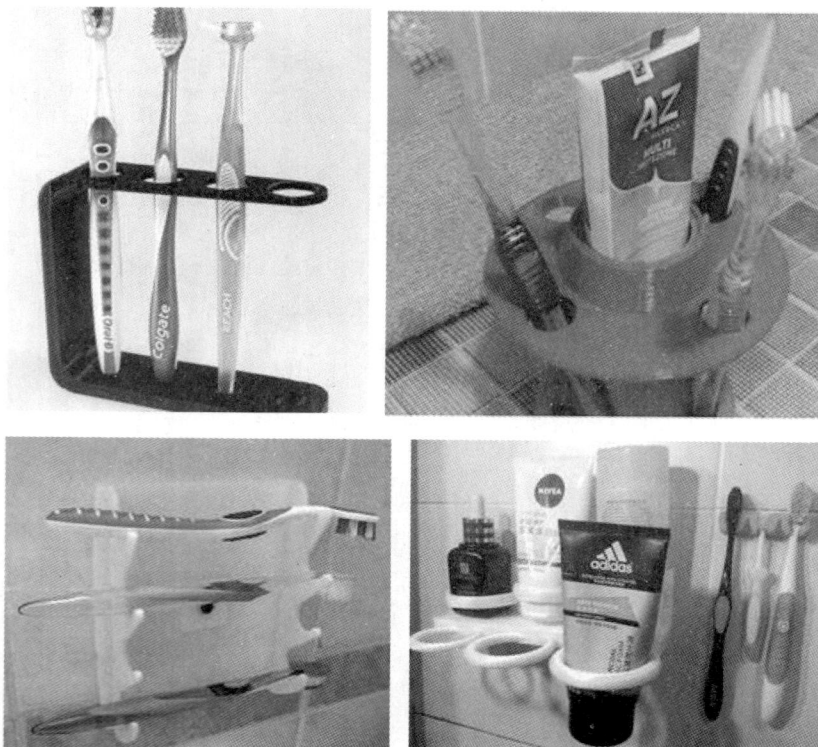

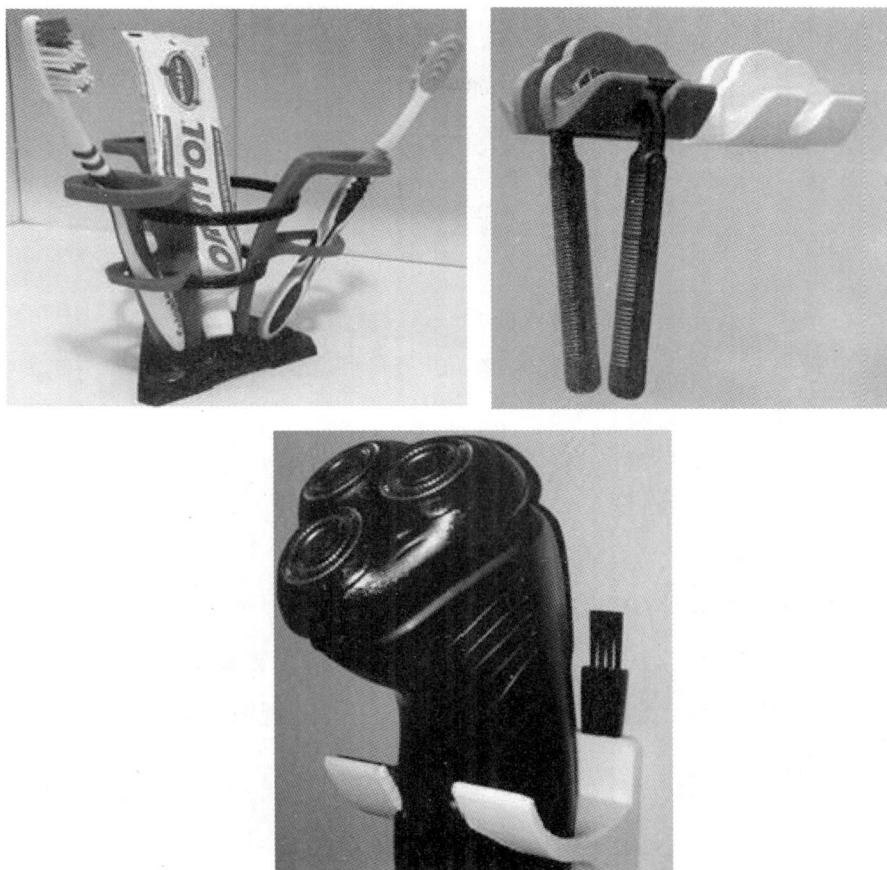

图3-103　创意各种洗漱用品挂（支）架

九、鸟巢的创意制作

设计思路：如今繁华的都市、川流的人群，很少听到鸟儿的脆鸣。流光溢彩的都市早已没有了鸟儿的容身之地，但是，3D 打印技术或许能给小鸟在城市里安个家，制作的造型各异的鸟窝或许能够让没有栖身之地的鸟儿找到温暖的家。

这里教您制作一款半球型的鸟窝，以下我们分为鸟窝的屋子和门两大部分进行介绍。

（一）屋子基本造型

重点工具：球体、立方体、布尔运算差集。

半球型基于球型减去相应的形状而得。

1. 选择工具箱中"建立实体"—"球体"工具，上方提示栏输入"0"（表示从坐标起点为球心开始绘制），点击 Enter 键，在 Top 视图拖曳出一个球型实体，如图3-104所示。

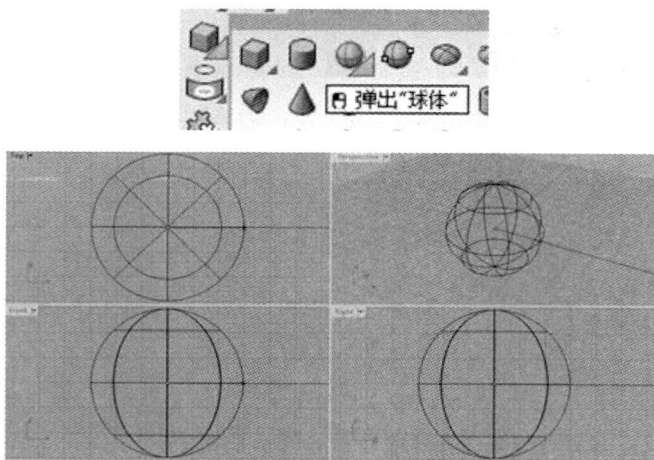

图3-104　在工作面建立一个球体

2.选择"建立实体"—"立方体"工具，在 Front 视图中，在球体下方绘制一个立方体，用鼠标再拖动到球型下方合适位置，用于作切除球体底部待用。立方体要比球型底部稍微大一点，如图3-105所示。

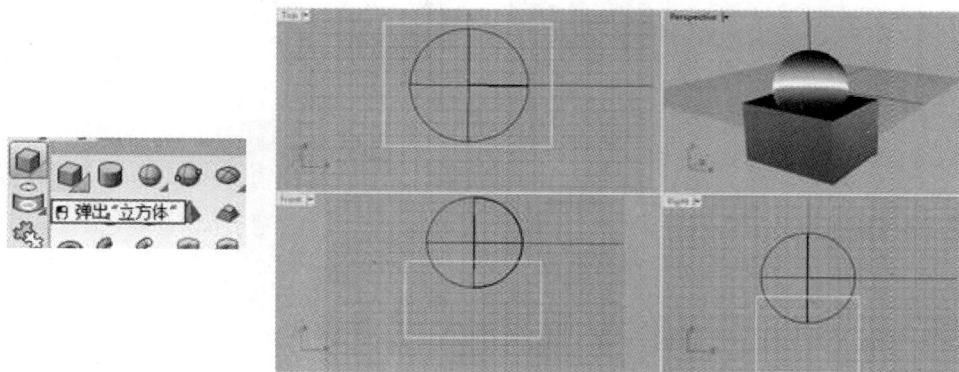

图3-105　在球体下绘制立方体作底

3.球体减去立方体得到房子半球型造型：选择"实体工具"—"布尔运算差集"工具栏，先选中球体，点击 Enter 键，再选中立方体，点击 Enter 键。注意上方工具栏中的提示操作，首先取消所有选择，然后点击"布尔运算差集"工具栏，第一要选中被减去的实体，点击 Enter 键，再选择减去的造型实体，如图3-106、3-107所示。

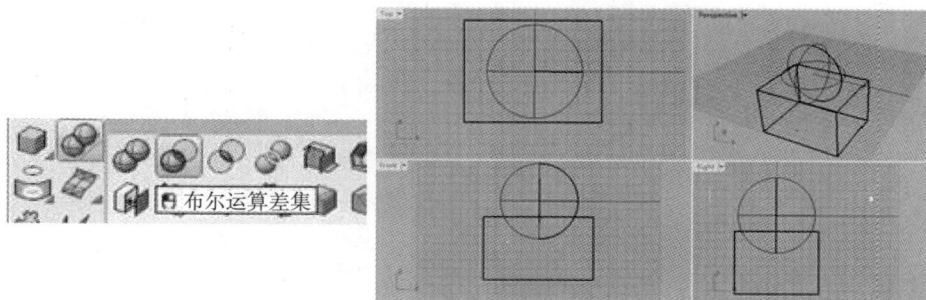

图3-106　塑造半球型房子实体

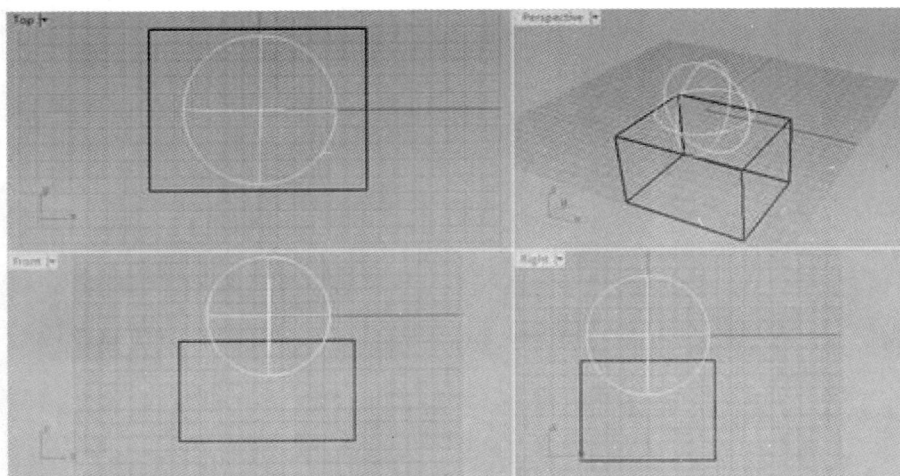

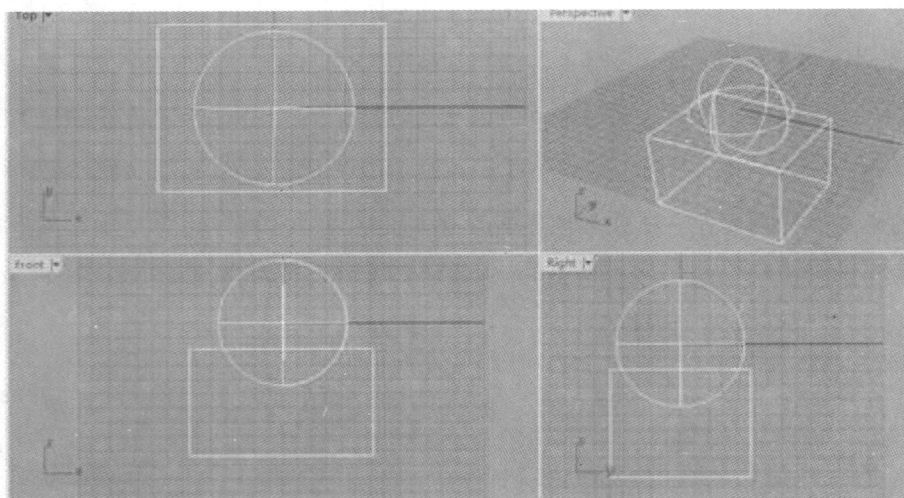

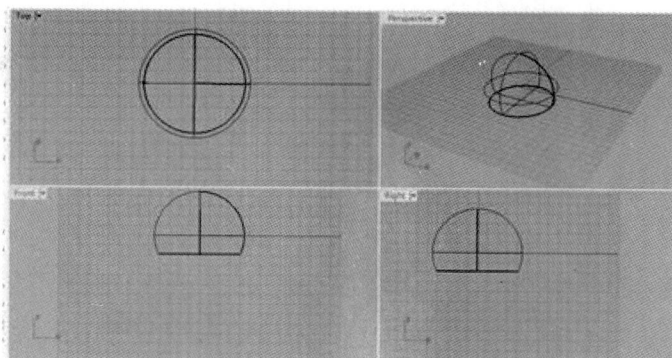

图3-107　塑造半球型房子实体的过程

4.用相似的方法，在球体前方用立方体使用"布尔运算差集"工具减去一部分，形成如图3-108所示房子雏形。

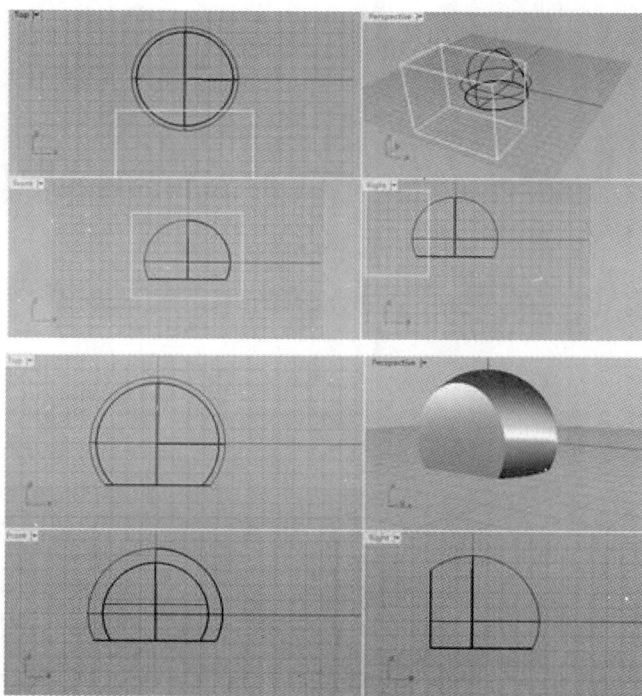

图3-108　塑造半球型房子雏形

101

（二）屋子内部掏空

重点工具：抽离曲面、自动建立实体、剥壳。

将得到的基本造型剥离出屋门的面，然后复制这个门面，留作后续门的制作，再将原来玻璃的屋子全部复原为一个实体，通过剥壳挖出内部空间，供小鸟休息。

1.选中屋子实体，选择"实体工具"—"抽离曲面"，在 Perspective 视图中，选中门所在的曲面，将其和屋子分离，如图3-109所示。

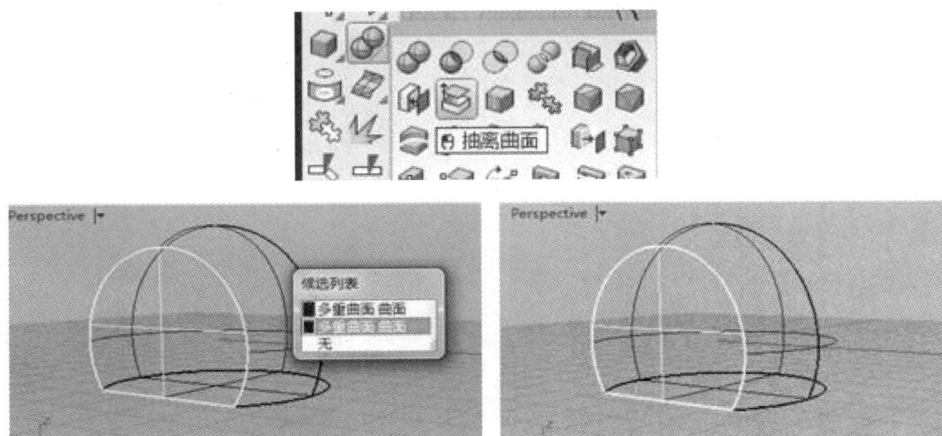

图3-109　将曲面抽离

2.选择剥离出的门面，复制，在 Front 视图中，按住 Shift 键平行移动到旁边，待用（图3-110）。

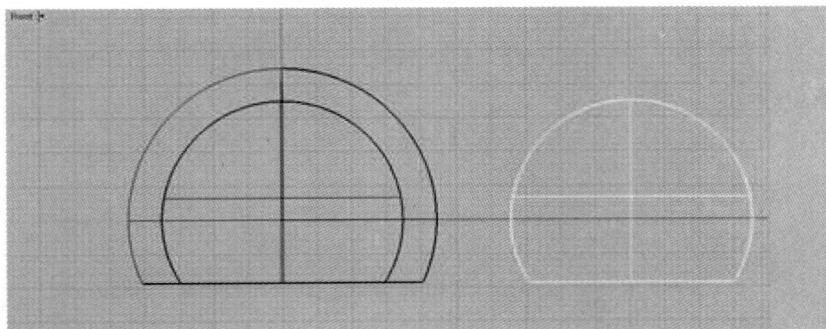

图3-110　将剥离的屋门放一边待用

102

3. 重新选中屋子剥离出的所有曲面（全选屋子），点击"布尔运算联集"—"自动建立实体"，将屋子重新合成一个实体（图3-111）。

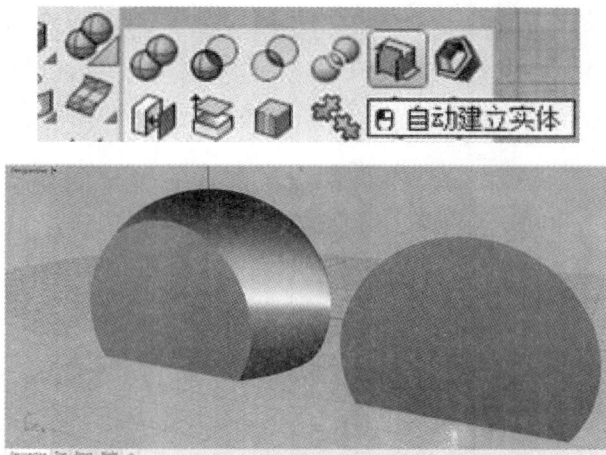

图3-111　将屋子造型会成实体

4. 选择"实体工具"—"封闭的多重曲面薄壳"（图3-112），在 Perspective 视图中，选择屋门曲面部位（如图3-112），单击，使其选择曲面由粉色变为黄色（表示确定选择区域），在上方提示栏中可点击设置厚度（默认为"1"，也可根据需要点击调整），点击 Enter 键，挖空效果完成（如图3-112所示）。

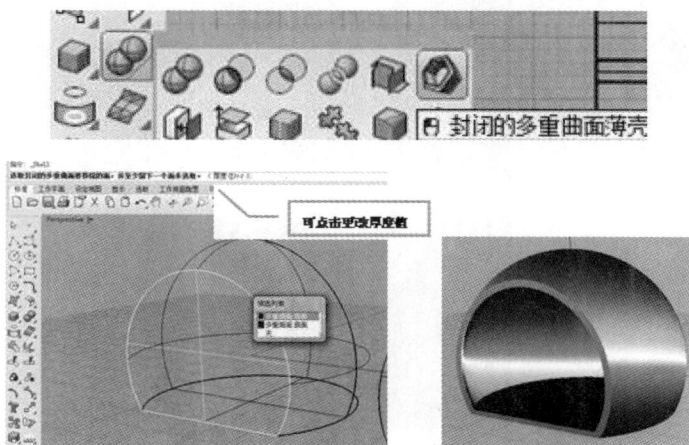

图3-112　完成半球型屋子挖空造型

（三）屋门的制作

重点工具：分割、圆、挤出曲面、环状体。

剥离出来的门曲面还需要挖一个窗户的位置。本例选择最简单的圆形来示范，您也可以自己发挥想象，创意造型。留下的只是一个曲面，还需要拉成实体，然后移动到屋门的位置，在窗户周围可以添加一些修饰，如用圆环来光滑窗户的边缘。

1.选择"圆"工具，在 Front 视图中，在之前复制的屋面曲面合适位置绘制一条圆弧曲线，在 Top 视图中，将圆曲线移动到门曲面同一平面位置，如图3-113所示。

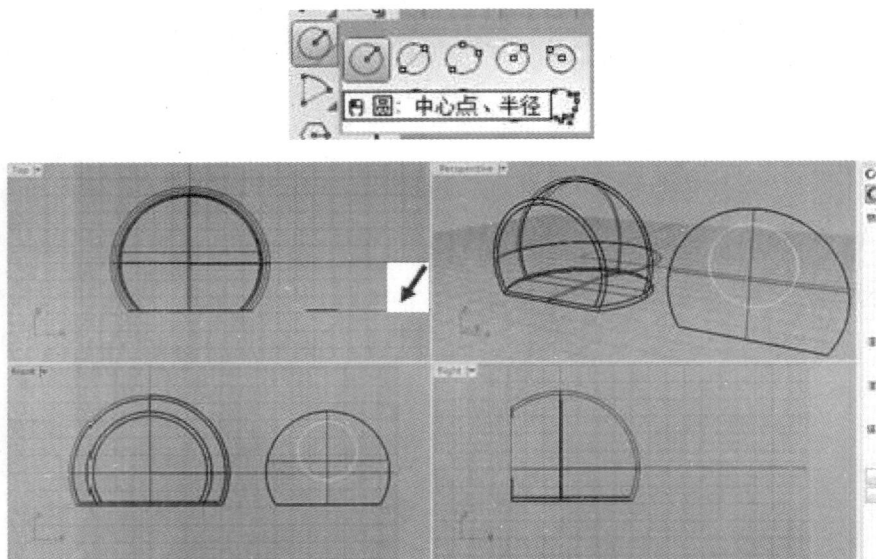

图3-113　在屋门的旁边加上窗户

2.使用"分割"工具，在 Front 视图中，按照上方工具栏提示，用刚绘制的圆曲线切割门曲面，在门面上分割出两部分。注意先选择要分割的物件，点击 Enter 键，再选择切割用物件，点击 Enter 键，如图3-114所示。

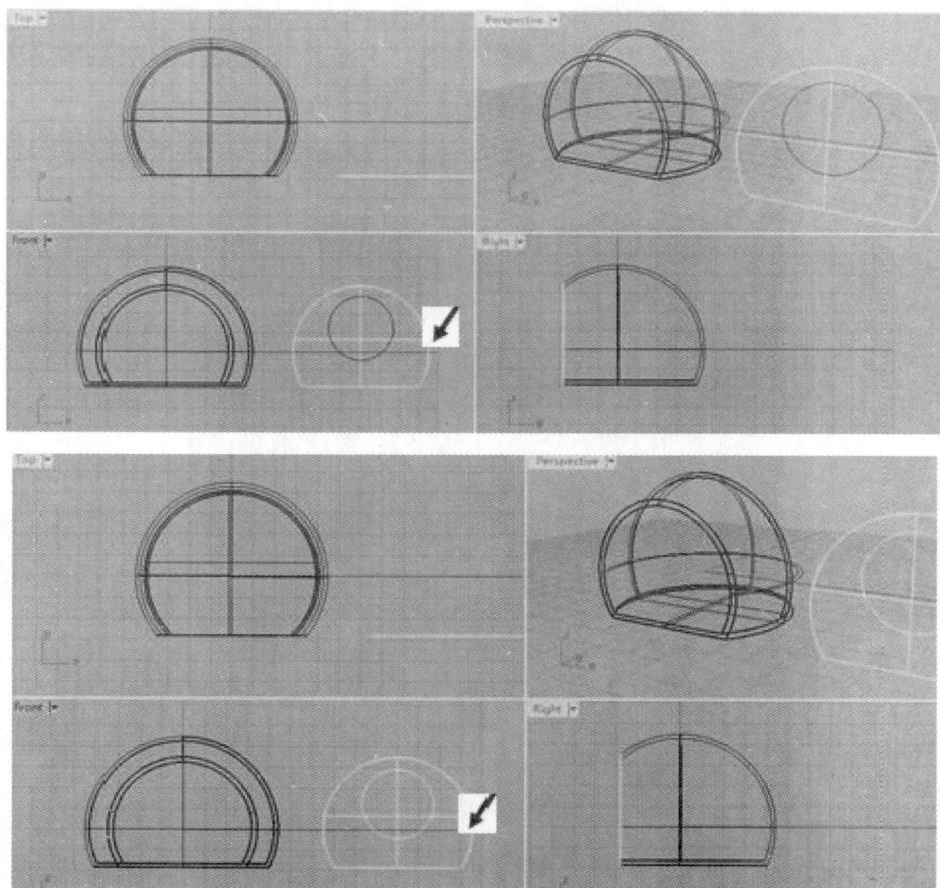

图3-114　在房屋实体切割出门、窗

3. 删除中间的弧面，并删除之前画的弧线（图3-115）。

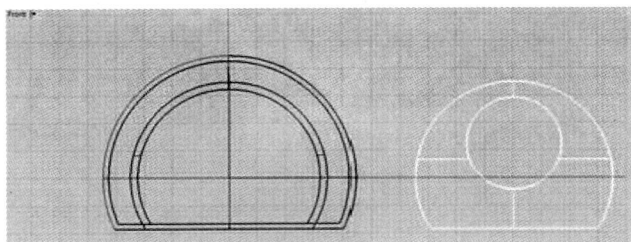

图3-115 删除多余曲面、曲线

4. 选择门曲面，点击"建立实体"—"挤出曲面"，将门拉出一定的厚度，删除多余的曲面，将门实体移动到屋子合适位置（图3-116）。

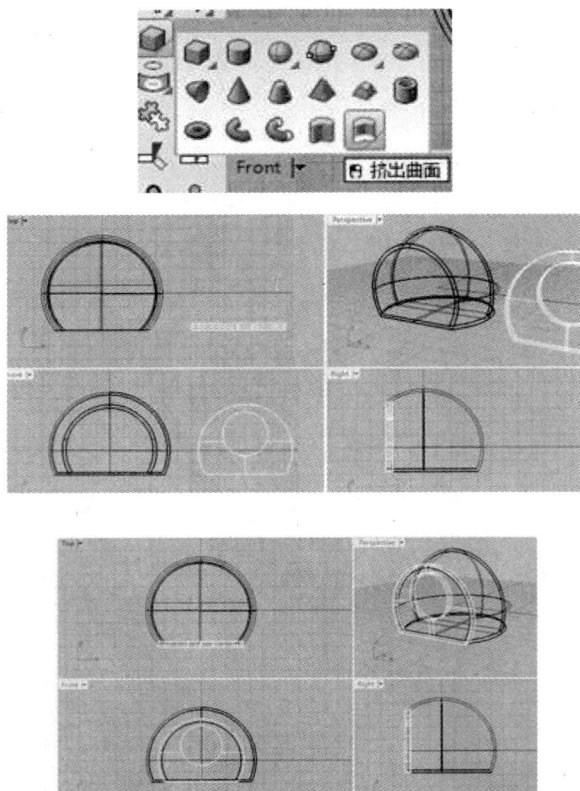

图3-116 将门曲面移到屋子合适位置

5.为了使窗口光滑，点击"建立实体"—"环状物"，调整大小，合适后将其移动到窗口处（图3-117）。

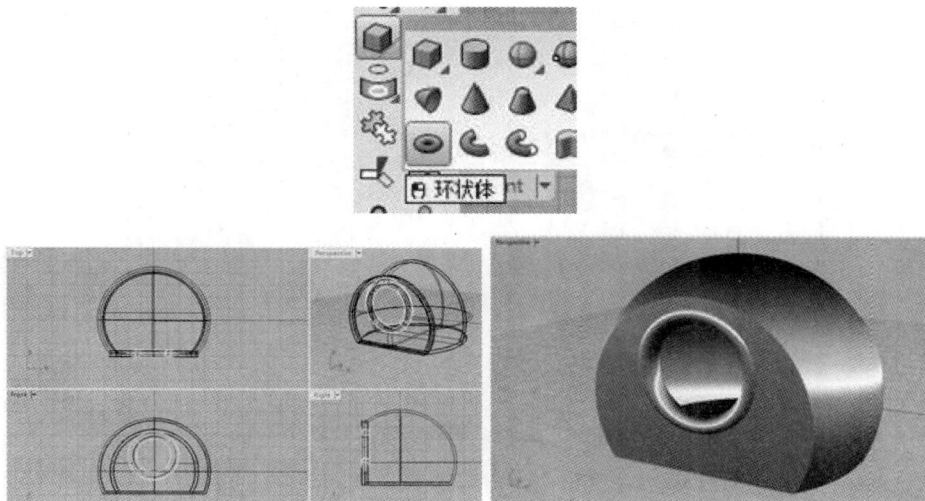

图3-117　将窗子曲面移到窗口处

（四）吊环的制作

重点工具：曲线，圆管。

1.在 Front 视图，选择"圆弧"工具，在鸟屋上方绘制一条曲线，如图3-118所示。

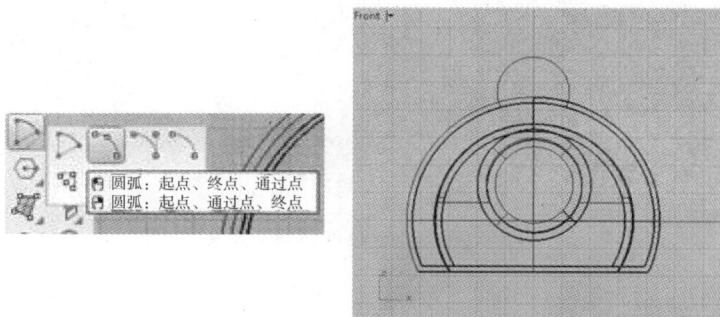

图3-118　在鸟屋上方绘制一条曲线弧

2. 选择"建立实体"—"圆管"工具，依据刚绘制的曲线，设好圆管两头的半径大小，制作圆管。注意将圆管两端埋入鸟屋中，如图3-119所示。

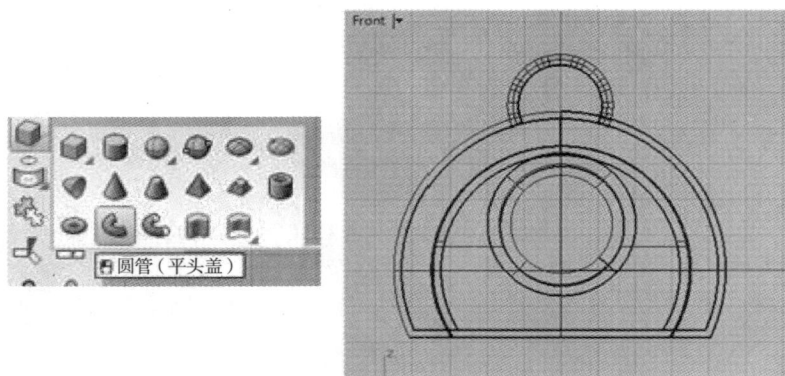

图3-119　建立实体圆管埋入鸟屋中

最终效果如图3-120所示。

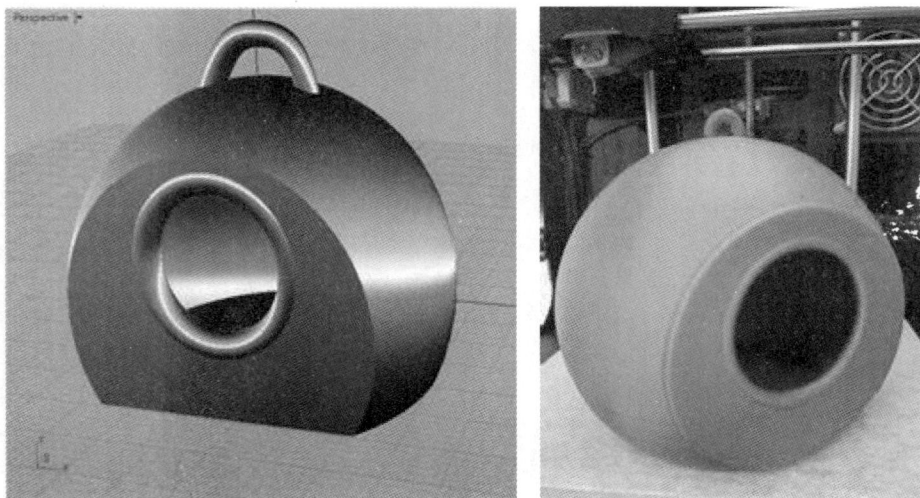

图3-120　3D打印出的创意鸟屋

拓展环节：

同学们还可以发挥想象，创意制作出更多、更美观的"小鸟的家"（如图3-121）。

108

图3-121　造型各异的3D打印鸟屋欣赏

十、面具的创意制作

设计思路：面具通常作为舞会、狂欢节或类似的节日、戏剧等的伪装。参加化妆派对要带上自己制作的面具进行交际，想必是很特别的人生体验吧！

这里教您制作一款遮盖部分脸并有眼睛开孔的面具。分为面具造型和曲面调节两个主要环节；配合适当的打印材料（最好是柔性材质）就可以很好地贴合面部佩戴；最后，还可以在面具上添加一些小亮片或其他装饰材料，提升美观性和舒适性。

（一）面具轮廓造型

重点工具：曲线、镜像、衔接曲线。

创意面具轮廓可以自己动手绘制。如果你美术功底不好，自然可以从网上下载一些面具模型图片。

先按照图样描绘半边面具外壳曲线，再通过镜像复制出另外半边，通过衔接曲线将两个半曲线衔接成一个闭合曲线。

1. 点击 Front 视图，选择"背景图"—"放置"工具，选择外部图片，加载进来，放在合适的位置（图3-122），用于辅助绘制曲线。

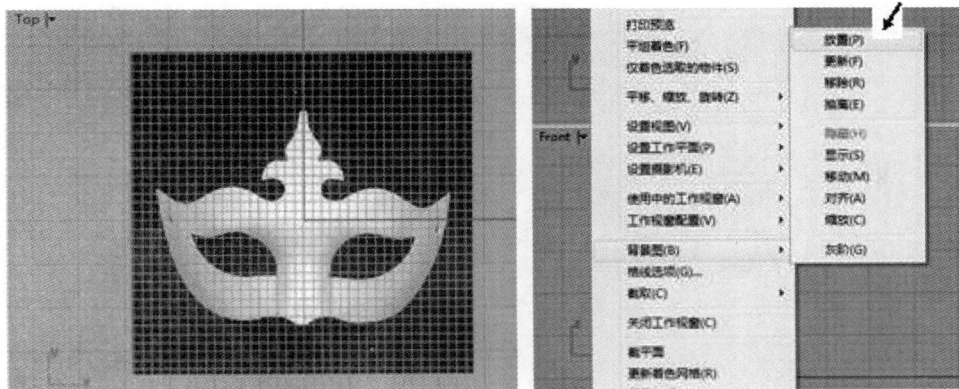

图3-122　绘制面具轮廓线

2. 选择 （"曲线"工具），绘制面具右半边缘造型曲线，可以通过点击右键"确认"按钮绘制结束。曲线不要间断，要连续，描完之后移除背景图，得到如图3-123所示。

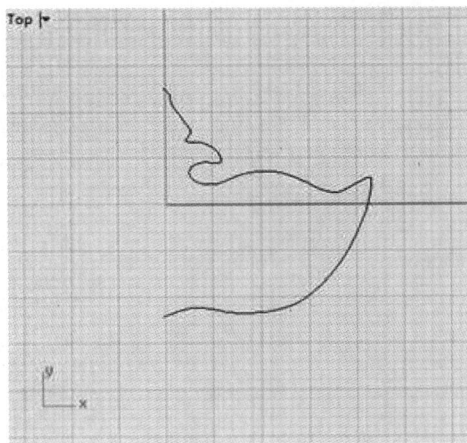

图3-123　绘制完成的面具轮廓线

3. 选中绘制好的曲线，点击"变动"—"镜像"工具，以 y 轴为中心，复制出左半边的曲线，此时两条曲线不是闭合的（图3-124）。

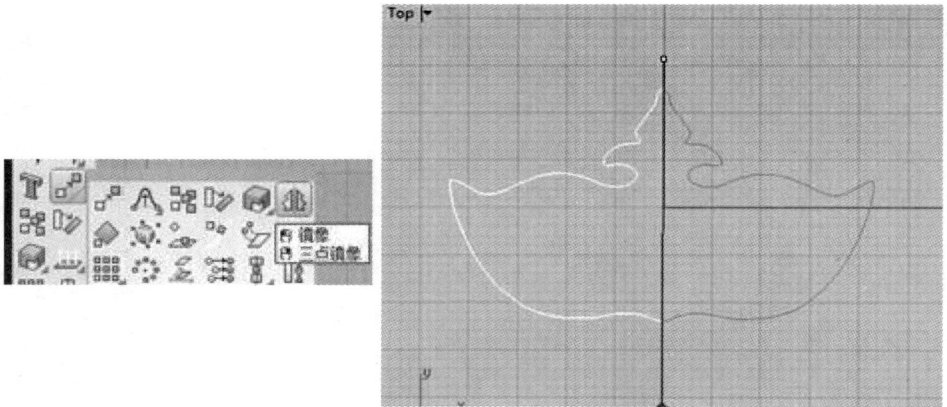

图3-124　复制完成对称的轮廓线

4. 选择"曲线工具"—"衔接曲线"，选中两根曲线（点选靠近曲线端点处），选项栏选择"位置""位置""相互衔接""组合"，"确定"按钮（图3-125）。

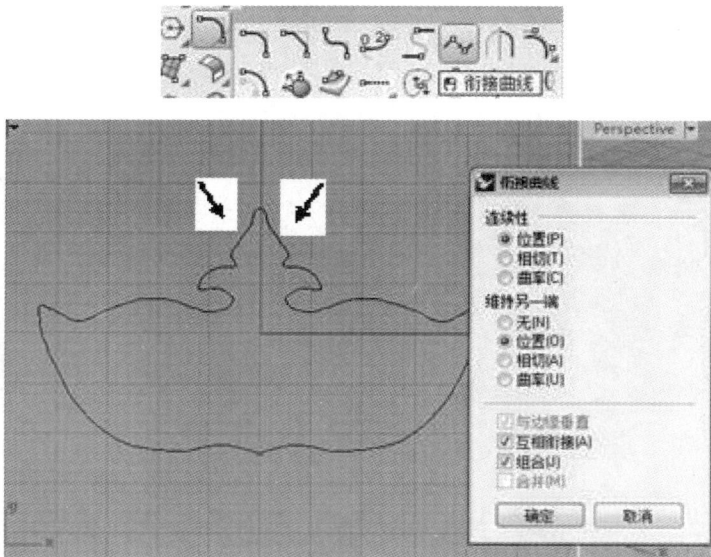

图3-125　衔接曲线上部分

5. 再次选择"曲线工具"—"衔接曲线"工具，将两根曲线下部衔接起来（点选靠近曲线端点处），形成一个完整的闭合曲线（图3-126）。

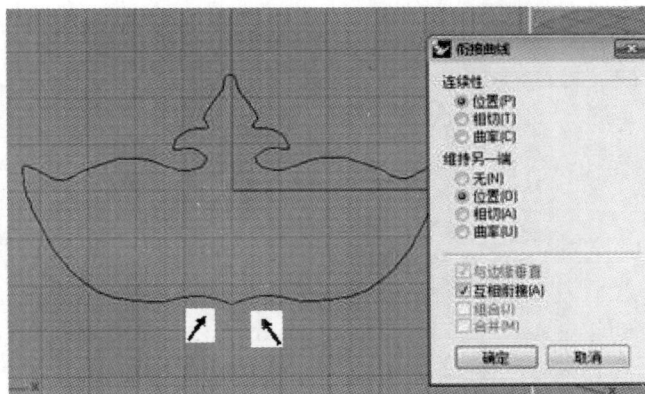

图3-126　衔接曲线下部分

（二）面具曲面调节

重点工具：嵌面、F10（打开控制点）、F11（关闭控制点）。

由曲线形成一个曲面，在此基础上根据面部特点，打开曲面的控制点，调节控制点形成不同的弯曲度，以贴合面部佩戴。

1. 选择"建立曲面"—"嵌面"工具，选中曲线，点击 Enter 键确认，由曲线形成曲面，最后删除所有曲线，形成最终效果（图3-127）。

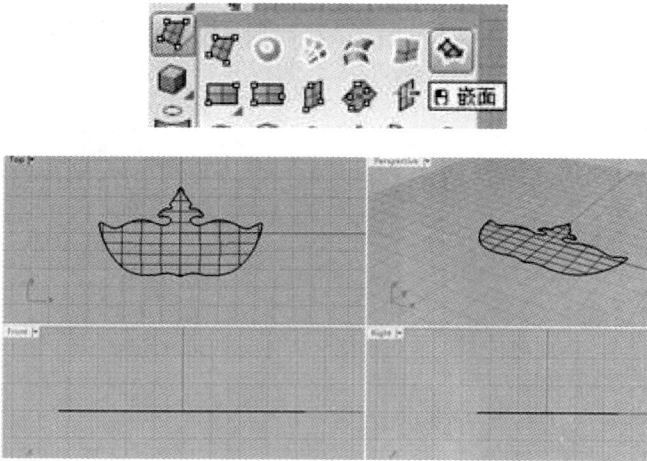

图3-127　建立面具曲面控制点

2.选中曲面，按"F10"，打开曲面控制点，即看到很多的控制点，结合不同视图，选择控制点，调节控制点高低，形成面部不规则起伏，直到调整完成，按"F11"确认，关闭控制点（图3-128）。

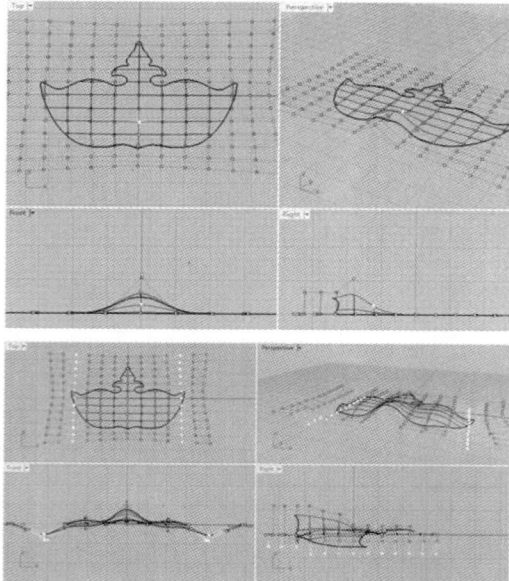

图3-128　调整各个控制点完成面部曲面

（三）面具变为实体，掏空眼睛部位

重点工具：挤出曲面、布尔运算差集。

将建立的曲面挤出实体，画出眼睛部位造型，同样方法做成实体，利用布尔运算将面具掏空。

1. 点击曲面，选择"建立实体"—"挤出曲面"工具，在 Front 视图中，拖曳出面具的厚度，删除曲面（图3-129）。

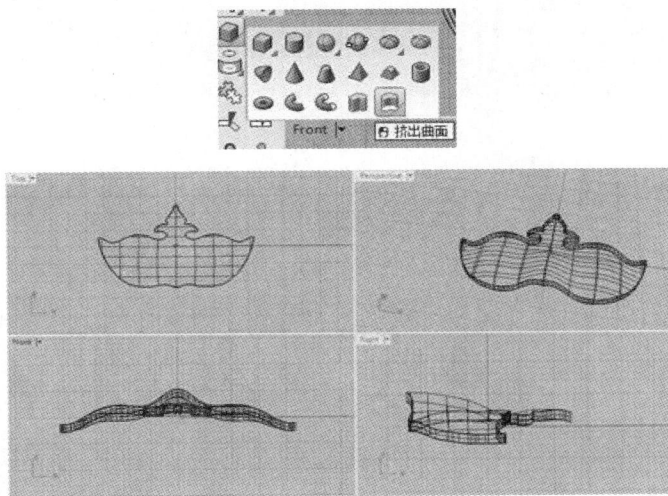

图3-129　挤出曲面

2. 使用"曲线"工具，在 Top 视图中，绘制眼部造型，如图3-130所示。

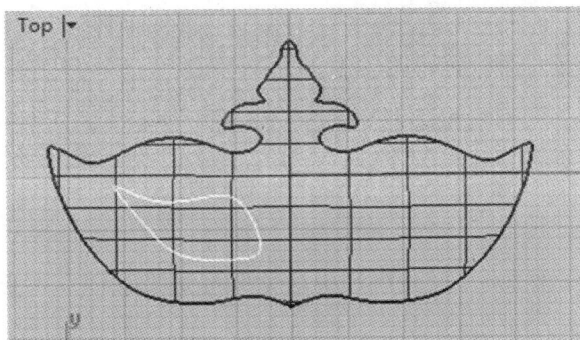

图3-130　绘制眼部造型

115

3. 选择曲线，点击"建立实体"—"挤出封闭的平面曲线"，拉出一定的厚度，在 Front 视图中调节眼部造型的位置，使其贯穿面具实体（图3-131），删除曲线。

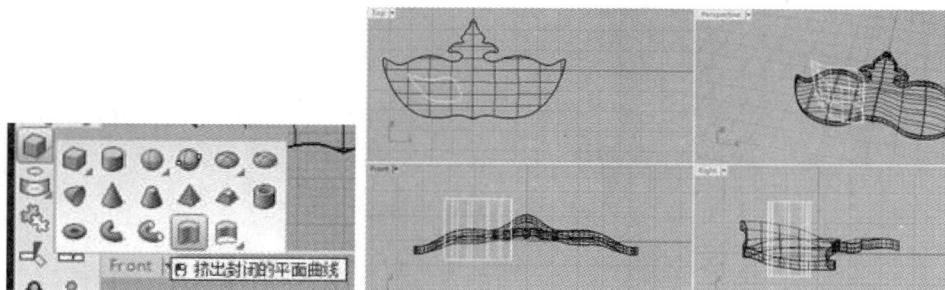

图3-131　将眼部造型贯穿曲面

4. 选择眼睛造型实体中"变动"—"镜像"工具，在右边镜像复制出另一个眼部造型实体（图3-132）。

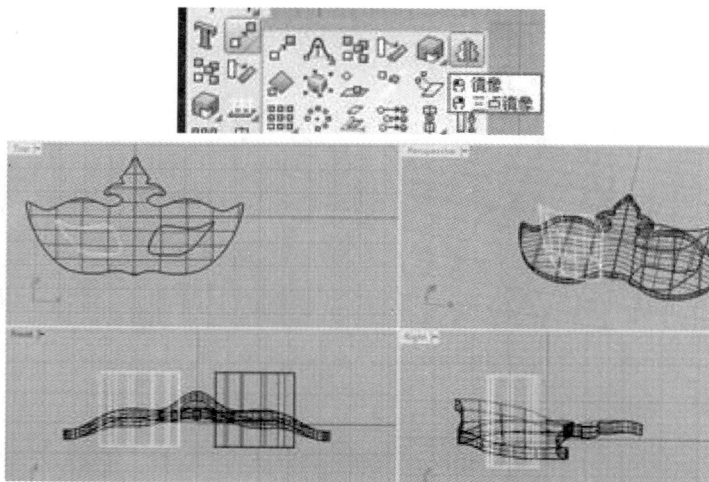

图3-132　将另一个眼部造型贯穿曲面

5. 取消选择，选择"实体工具"—"布尔运算差集"，按工具栏上方提示操作，先选面具，点击 Enter 键，再选中两个眼部造型实体，再点击 Enter 键，得到镂空的面具效果（图3-133）。

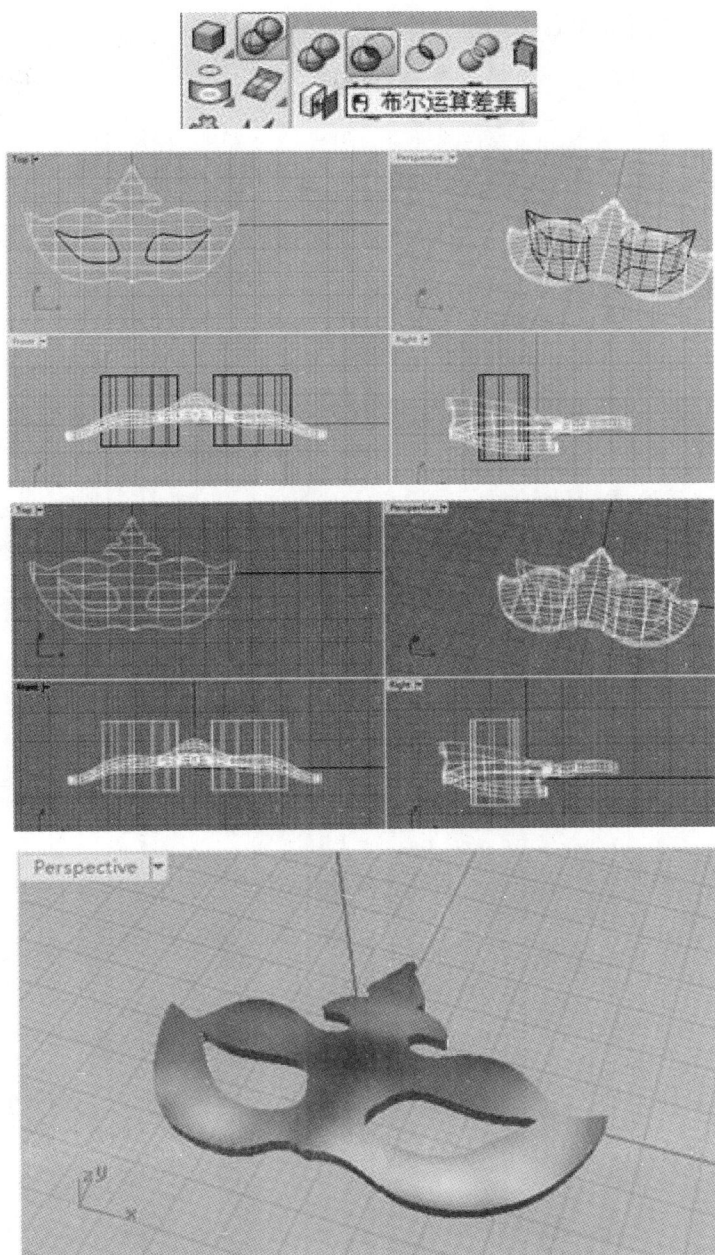

图3-133　镂空面具效果

（四）绑带孔制作

重点工具：圆柱体、布尔运算差集。

以上面具基本完成了，考虑还需要留有绑扎的孔，可以用类似"步骤三"中的方法挖出两个圆孔。

1. 结合 Top、Front 视图，选择"建立实体"—"圆柱体"工具，在面具边缘处拖曳出一个小圆柱体（图3-134）。

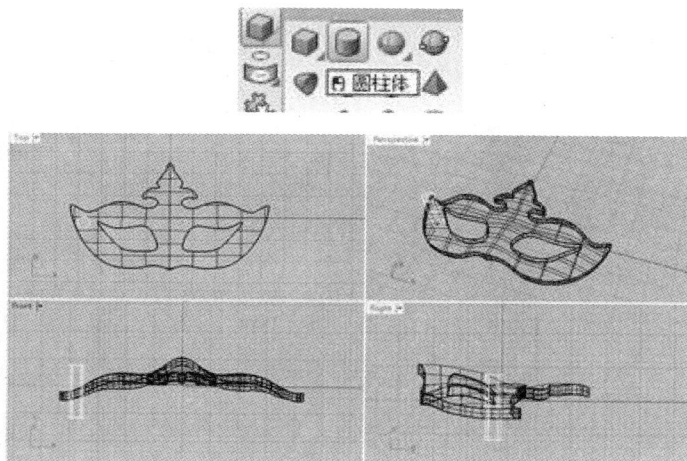

图3-134　建立一个小圆柱体

2. 选择"变动"—"镜像"工具，复制出另一个小圆柱体（图3-135）。

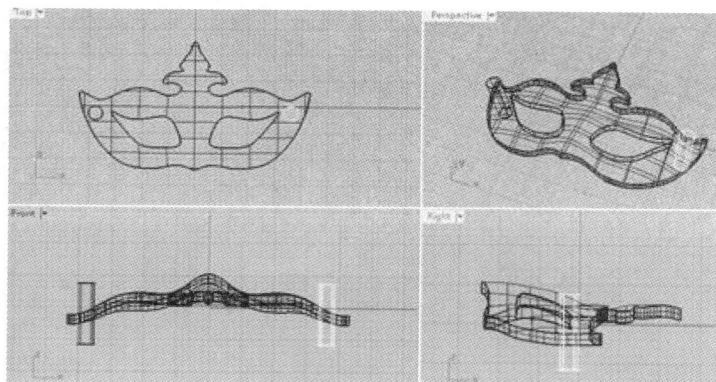

图3-135　建立另一个小圆柱体

3. 选择"实体工具"—"布尔运算差集",按提示,掏出两边圆孔(方法同掏空眼部造型),最终效果如图3-136所示。

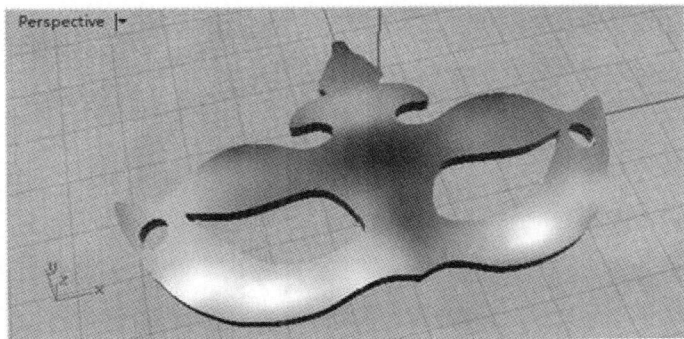

图3-136 设计完成的面具效果

如果面具很薄并且有许多镂空部分,也可以直接制作并打印平面的面具,使用弹性 TPU 材料进行打印,并轻轻弯曲面具直接佩戴即可。

拓展环节:

同学们还可以发挥想象,创意制作出更多、更美观的面具(图3-137)。

图3-137 造型各异的3D打印面具欣赏

十一、托盘天平的创意制作

设计思路：物理实验课上用到的天平是一种很复杂、很精确的衡器，小时候就对这种实验仪器很着迷。现在，借助3D打印技术，我们也来制作一个简易的托盘天平吧，可以作为一个益智玩具，也可以用来学习力矩平衡。

为了打印方便，这里制作的托盘天平采用分体式结构，分为支架、横梁、托盘三部分，每部分独立打印后再组装在一起就可以了。

（一）支架部分

重点工具：曲线工具、挤出实体工具。

1. 如图3-138所示：先在 Front 视图中画一个圆，圆心（O），半径3.5毫米。再画一个矩形，宽为圆的直径，高70毫米。最后在矩形下方画一个梯形，梯形可用直线工具绘制。为了各部分衔接准确，可以打开下方的物件锁点。

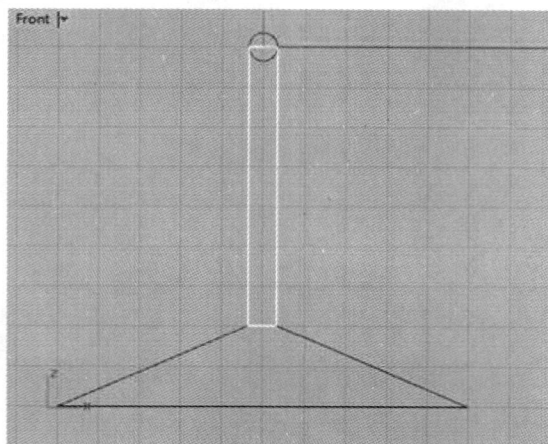

图3-138　绘制天平支架图

2.分别对圆形、矩形、梯形使用"建立实体"—"挤出封闭的平面曲线"工具，在 Top 视图中拉出厚度，厚度分别为圆形18毫米、矩形6毫米、梯形20毫米（图3-139）。

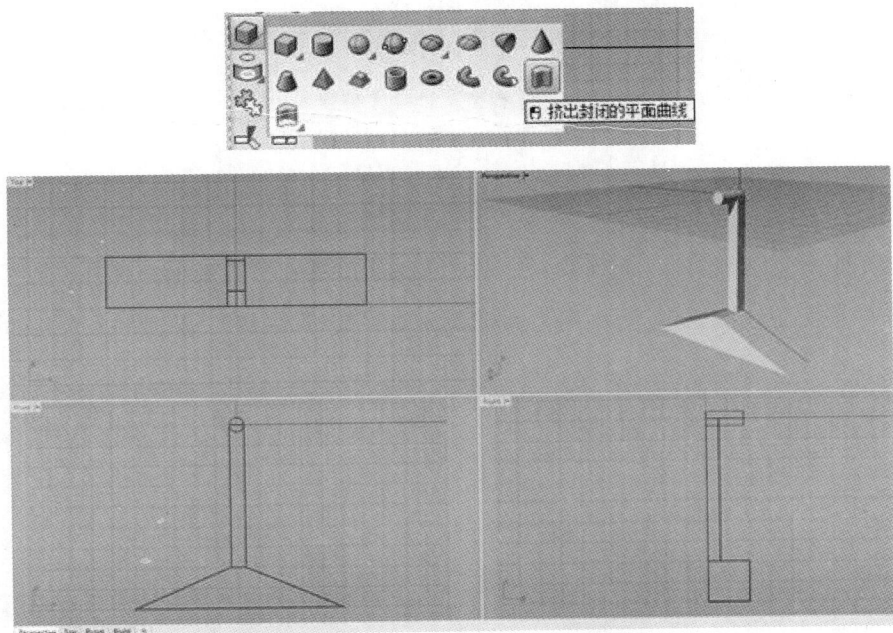

图3-139　塑造天平支架立体效果

（二）横梁部分

重点工具：建立曲面、镜像工具、布尔运算。

1.在 Front 视图中，以 O 为中心，画一个矩形，长130毫米，宽20毫米，作为天平横梁（图3-140）。

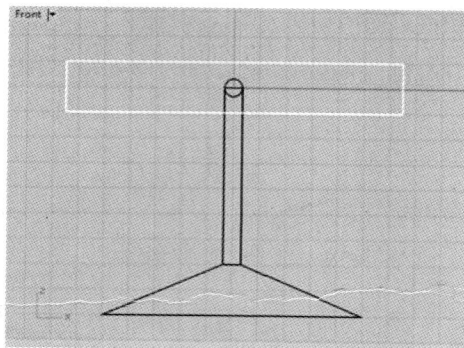

图3-140　绘制天平横梁

2. 如图3-141所示，在横梁上画两个宽度均为5毫米的矩形，使用"建立曲面"—"平面曲线"工具，得到两个面，使用"布尔运算联集"，得到一个合并的面。

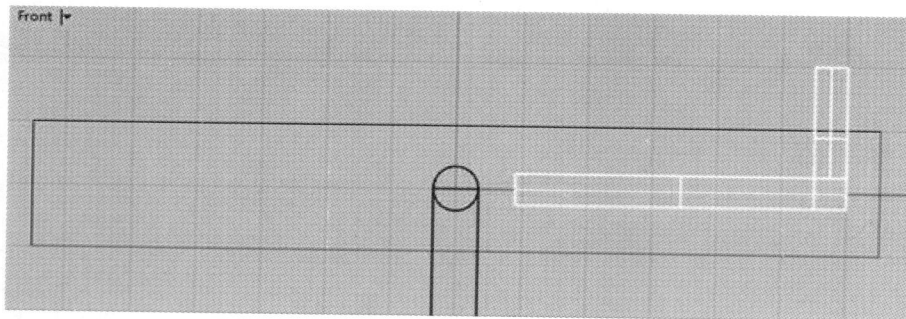

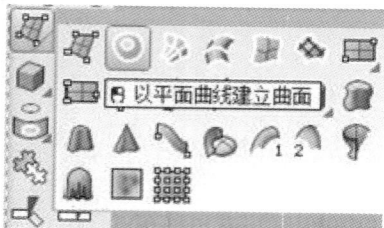

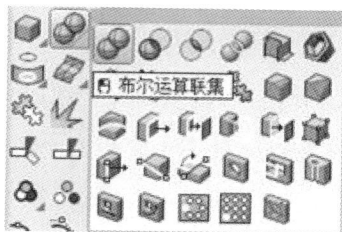

图3-141　建立横梁曲面

3. 选择工具箱中"变动"—"镜像"工具，在横梁左侧制作一个一样的面（图3-142）。

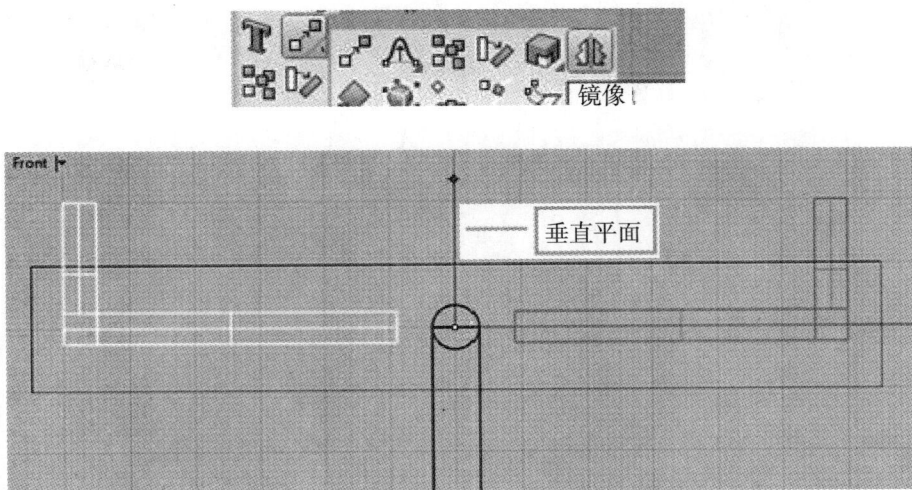

图3-142 建立横梁左侧曲面

4.在横梁中心正对支架上端圆柱画一圆形，直径比支架圆柱略大，以便能转动。使用"建立曲面"—"以平面曲线建立曲面"工具，得到圆形面。同理，选择横梁的矩形，也做一个矩形曲面。使用布尔运算差集，用矩形曲面减去左右两个凹槽和中心的圆面，删除多余的线和面，得到最后横梁截面（图3-143）。

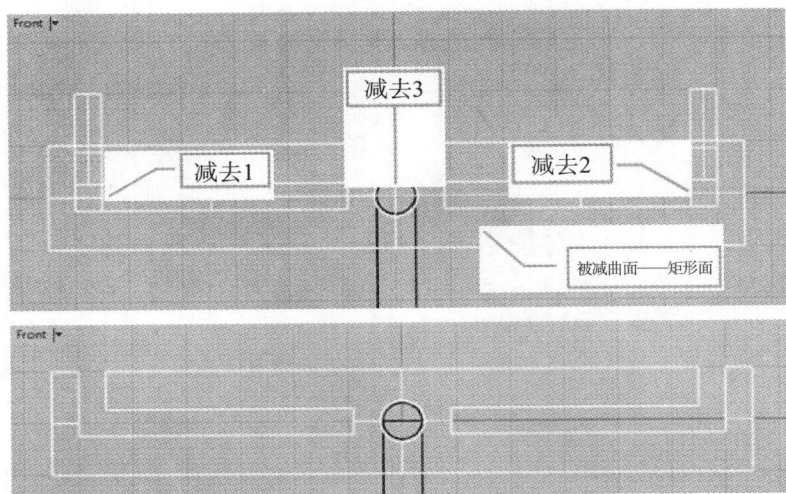

图3-143 建立横梁截面

123

5.在 Top 视图中移动横梁截面到合适位置，挤出曲面，厚度5毫米（图 3-144）。

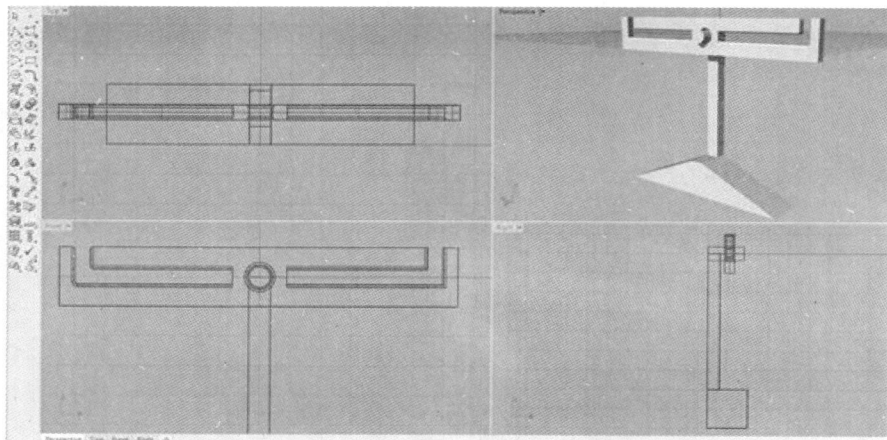

图3-144　挤出横梁立体曲面

6.为了防止横梁滑出，可以在圆柱终端加一个盖子。盖子制作方法是用大圆柱减去小圆柱，算好尺寸就可以了（图3-145）。

图3-145　在横梁圆柱终端加盖子

（三）托盘部分

重点工具：托盘底部做法很多，这里采用的是平顶锥体薄壳的方法，同学们可以再想想其他方法，进行比较。

1. 使用"建立实体"—"平顶锥体"工具，在 Top 视图中，画底面半径16毫米、高13毫米、顶面半径22毫米（图3-146）。

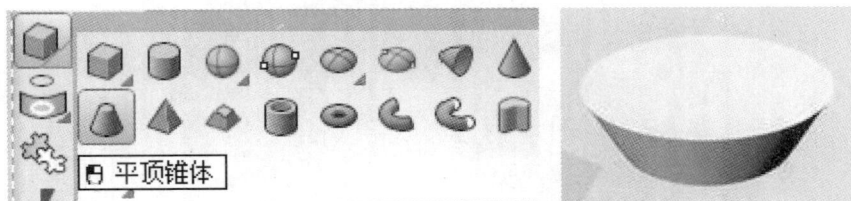

图3-146　建立平顶锥体

2. 使用"封闭的多重曲面薄壳"工具，选择平顶锥体顶面，厚度2.5毫米（图3-147）。

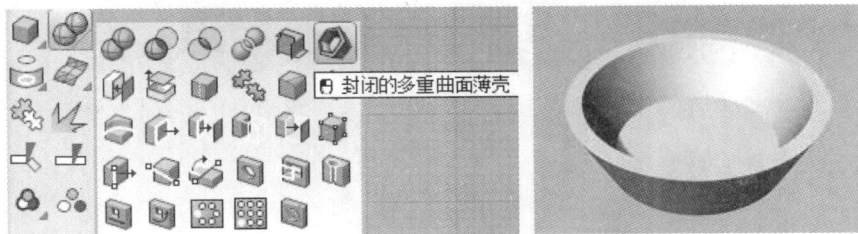

图3-147　塑造平顶锥体平面

3. 在 Top 视图中，在托盘左侧边缘处画一个圆柱体，半径1.5毫米，高54毫米。使用工具"2D 旋转"，转动圆柱体上部至托盘中心处（图3-148）。

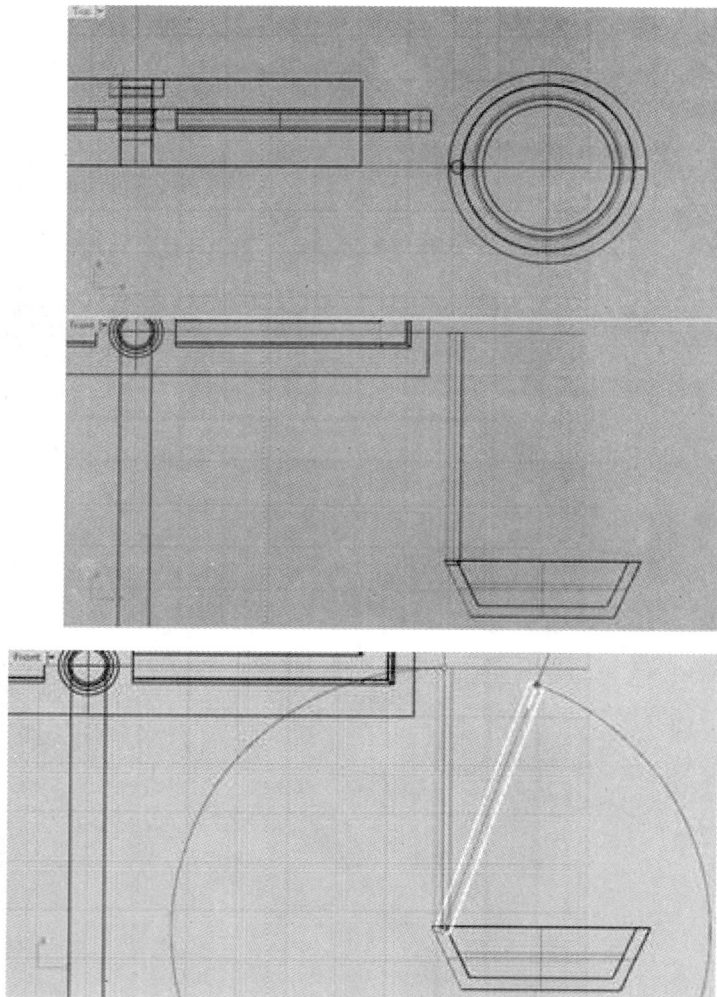

图3-148　塑造天平托盘

4. 使用"阵列"—"环形阵列"工具，选择要阵列的物体（上述圆柱体）、阵列中心点（Top 视图上托盘中心）、阵列数（4）、旋转角度（360°），确认完成（图3-149）。

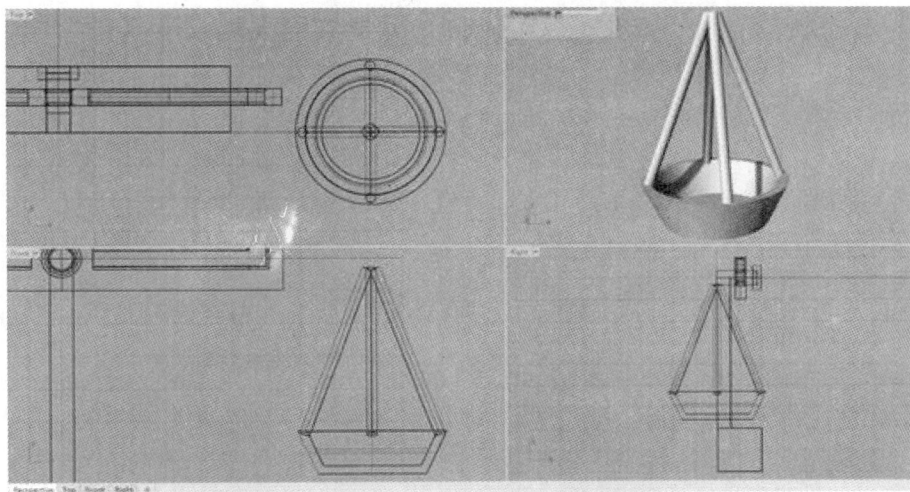

图3-149　塑造托盘实体

5. 选择"建立实体"—"环状体"工具，在 Right 视图中绘制环状体，大小以不碰到横梁为宜，半径1.5毫米。移动环状体和托盘的位置，将环状体和托盘组合在一起，形成最终的带挂钩的托盘（图3-150）。

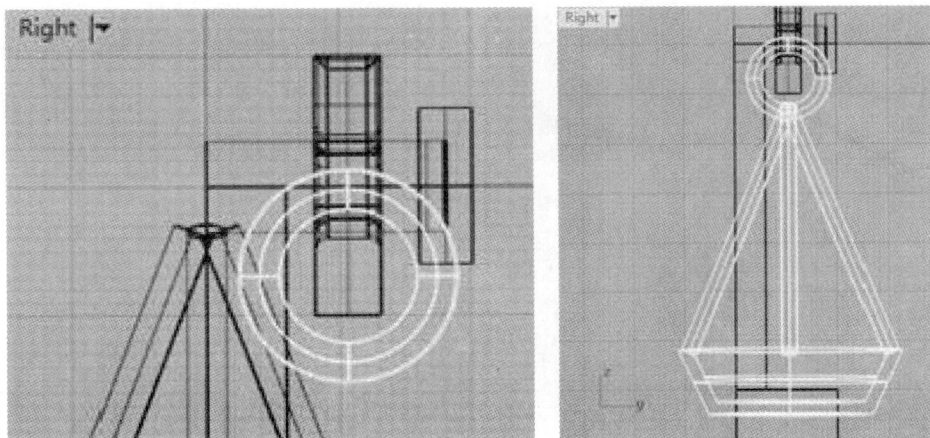

127

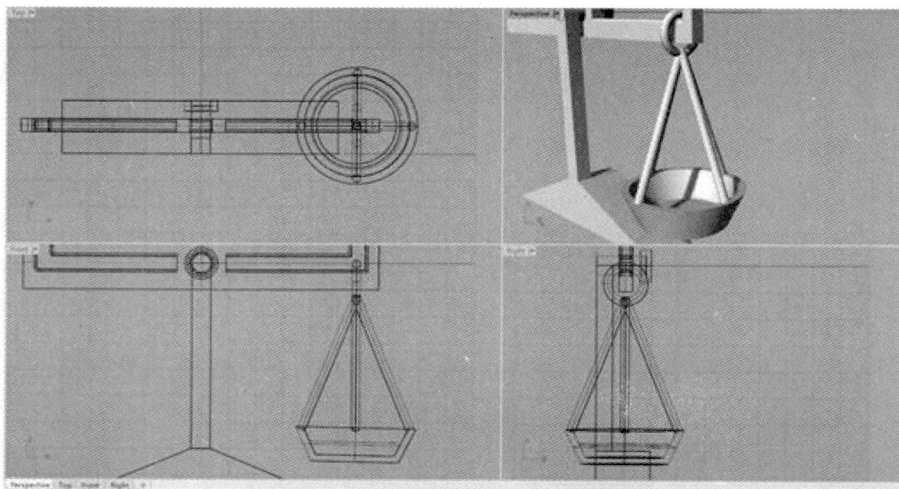

图3-150 将移动环状体和托盘组合，形成创意作品

天平一般有两个托盘，另一个托盘您会做了吗？

小贴士：打印时请各部分分开保存、打印，打印好后组装在一起。

最终效果（图3-151）。

图3-151 打印成型的托盘

拓展环节：

您还可以创意制作出许多作品，比如数学跷跷板，达·芬奇数学滚轮等（图3-152）。

图3-152　创意多样的数学作品

十二、蝈蝈笼的创意制作

设计思路：夏天到了，街头经常会有卖蝈蝈（俗称"叫油子"）的，小贩为了成本，蝈蝈笼子都是竹条编织而成。现在，使用3D打印技术可以让您自己DIY一个不一样的蝈蝈笼。

这里教您制作一款漂亮的蝈蝈笼，通过改变大小，还可以饲养其他昆虫或者小鸟。这里分为笼子主体和门两大部分进行介绍。

（一）笼子底部造型

重点工具：圆柱体工具。

选择"建立实体"—"圆柱体"工具，上方提示栏输入"0"（表示从坐标起点为底面圆心开始绘制），点击 Enter 键，半径输入30毫米，在 Top 视图绘制底面，再在 Front 视图拖出高度，建议2～3毫米，如图3-153所示。

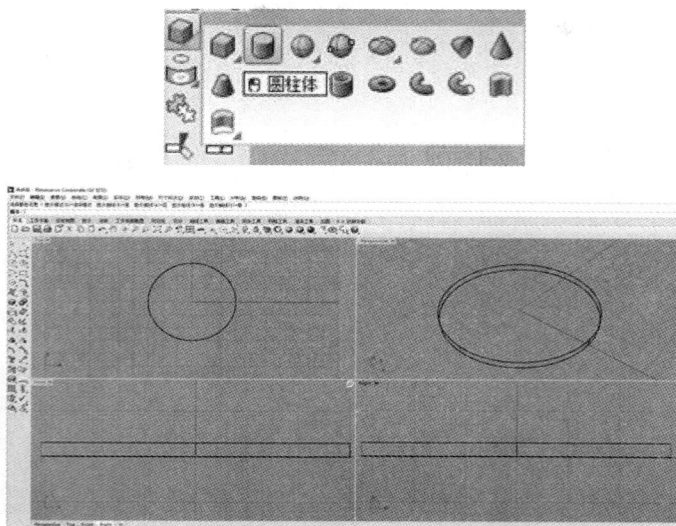

图3-153　蝈蝈笼子底部造型

（二）笼子笼条制作

重点工具：弯曲变形工具、环形阵列。

先用"弯曲变形"工具做好一根笼条，然后使用环形阵列完成全部笼条制作。

1. 继续使用"圆柱体"工具，在 Top 视图圆形边缘处画圆柱体底面，建议半径1.5毫米，在 Front 视图画出高度，建议100毫米。建立笼条造型（图3-154）。

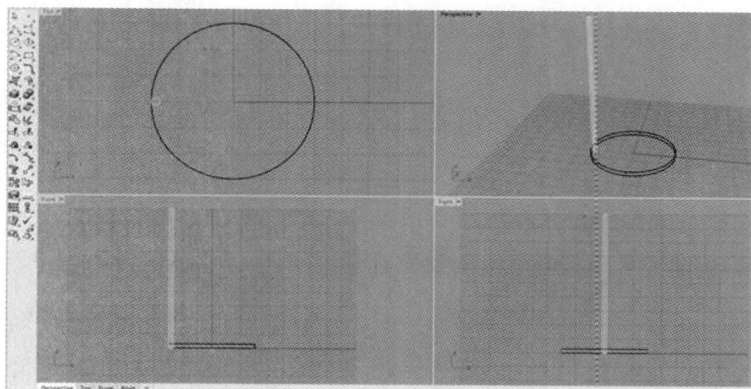

图3-154　在笼底边缘建立笼条

2. 选择"变形工具"—"弯曲"工具，指定骨干起点、终点、通过点，使笼条上部弯曲到圆心位置（图3-155）。

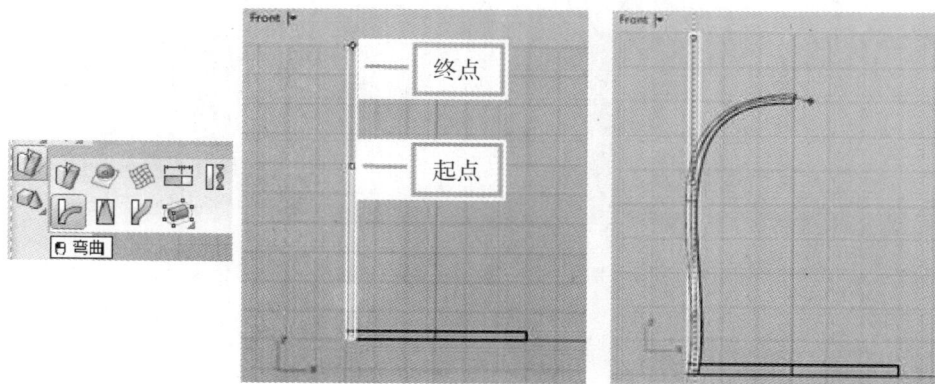

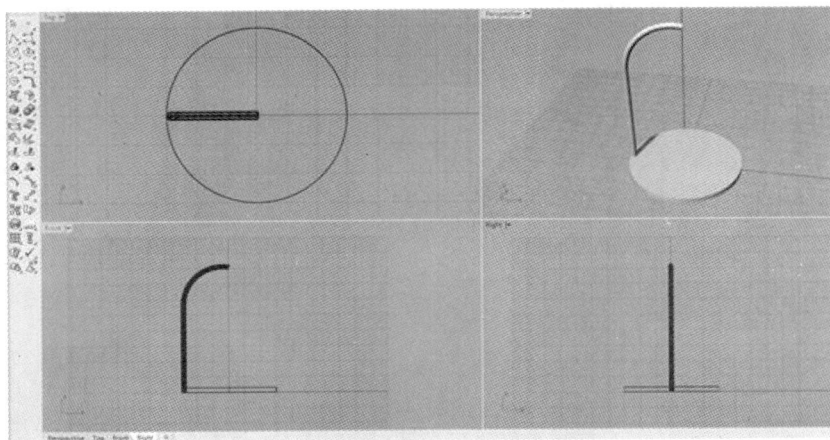

图3-155　弯曲笼条

单根笼条的制作方法很多，同学们还可以思考其他制作方法，进行比较。

3.选择"阵列"——"环形阵列"工具，选择要阵列的物体（单根笼条）、阵列中心点（0）、阵列数（16）、旋转角度（360°）、确认完成（图3-156）。

图3-156　建立更多的笼条

（三）笼子笼圈制作

重点工具：环状体。

1.选择"建立实体"——"环状体"工具，在 Top 视图中指定环状中心点（0）、半径（28.5毫米）、第二半径（1.5毫米）（图3-157）。

图3-157　建立实体笼圈

2. 接下来使用移动的方法，在 Front 视图中将笼圈移动到指定位置。如果还需要更多笼圈，可以再复制、移动。

最终效果如图3-158所示：

图3-158　成形的蝈蝈笼子

用同样的方法，还可以在笼子上面做一个圆圈，方便吊挂（图3-159）。

图3-159　加吊挂笼圈

（四）门的制作

重点工具：曲线工具、布尔运算、挤出曲面。

按照挖洞—做门—装锁的顺序，完成笼子门的制作。

1. 使用"立方体"工具，在 Front 视图画底面矩形，在 Top 视图画高。接下来用"布尔运算差集"，用笼条减去刚做的立方体，获得做门的"洞"（图3-160）。

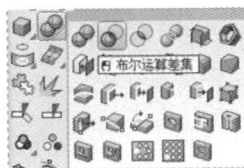

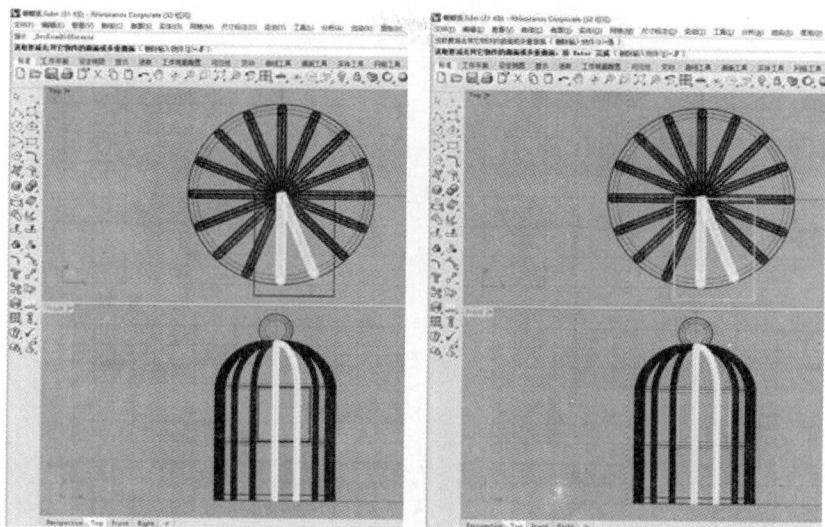

图3-160 做出笼子的门

2. 使用曲线类工具，在 Top 视图画出门的截面图形，使用"建立曲面"—"以平面曲线建立曲面"工具得到门的截面。其中可综合运用布尔运算、群组等功能，门的截面图形也可以自己发挥创意（图3-161）。

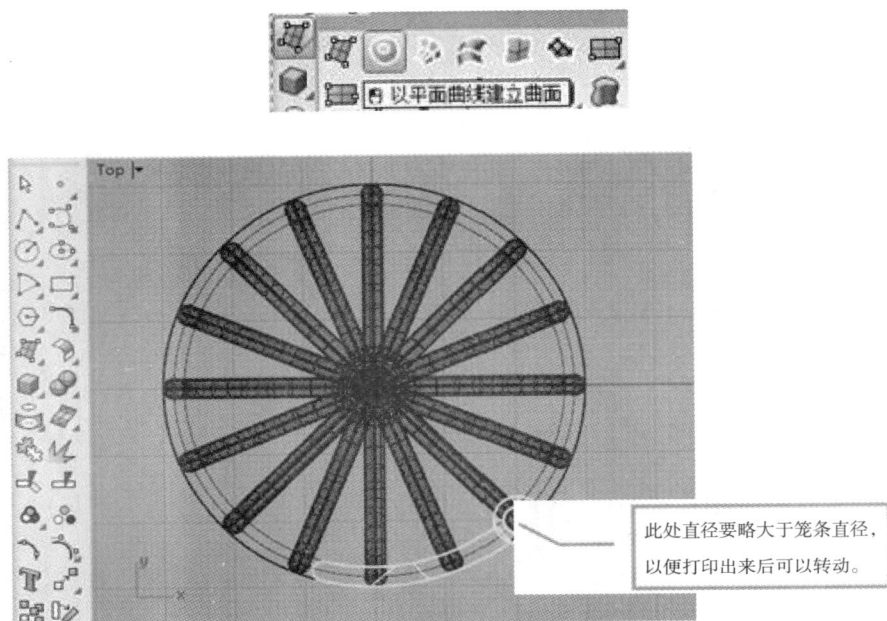

图3-161　给笼子安个门

3. 在 Front 视图中调整门截面的位置，使用"挤出曲面"工具，拖曳出高度，得到门的实体。注意门的上端和下端要距离笼圈一定尺寸，以便门打开。还可把门边缘处做圆角处理（图3-162）。

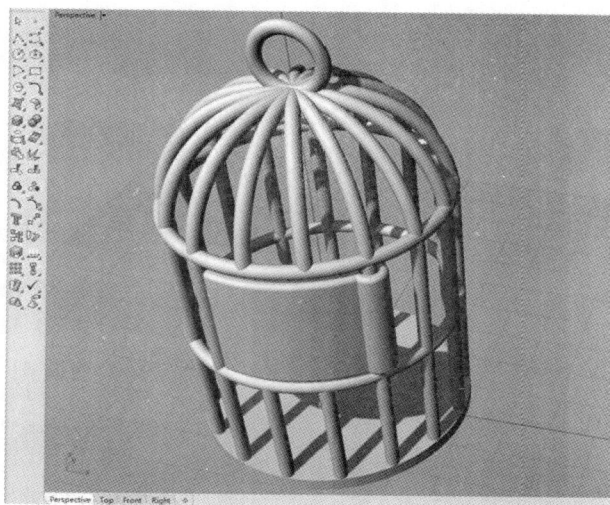

图3-162　设计可以开关的笼门

4.最后在门边缘处打一个小孔，以便用锁和旁边的笼条锁在一起。这个孔您会打吗？

您还可以试着给笼子加一个食罐、水罐。

最终效果如图3-163所示。

图3-163　设计完成的蝈蝈笼子

拓展环节：

大家还可以创意设计出许多美观实用的装饰笼（图3-164）。

图3-164　造型各异的3D打印蝈蝈笼

十三、镂空花瓶的创意制作

设计思路：花瓶是现代家居很常见的一种物品，同时也是一件艺术装饰品。您可以使用3D打印技术，设计一个与众不同的镂空花瓶，也可以修改为创意镂空笔筒。

这里教您制作一款镂空花瓶，分为制作基本造型、设计镂空线条、沿曲面流动三部分。

（一）制作基本造型

重点工具：放样工具、布尔运算分割。

1.选择圆形工具，依次在 Top 视图画三个圆。两个较大，用来做花瓶瓶口和瓶底；一个较小，用来做花瓶的腰身。

2.在 Front 视图，依次调整三个圆的高度，分别放到瓶底、腰身、瓶口位置（图3-165）。

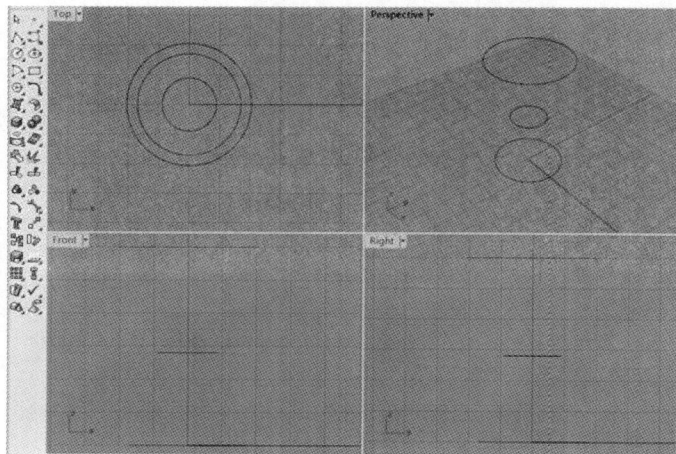

图3-165　绘出瓶口、瓶底、瓶身三个大圆

3. 使用工具箱中"建立曲面"—"放样"工具，从上到下依次选中三个圆，右键确认两次，弹出"放样选项"对话框，这里就用默认值，确定后效果如图3-166所示。

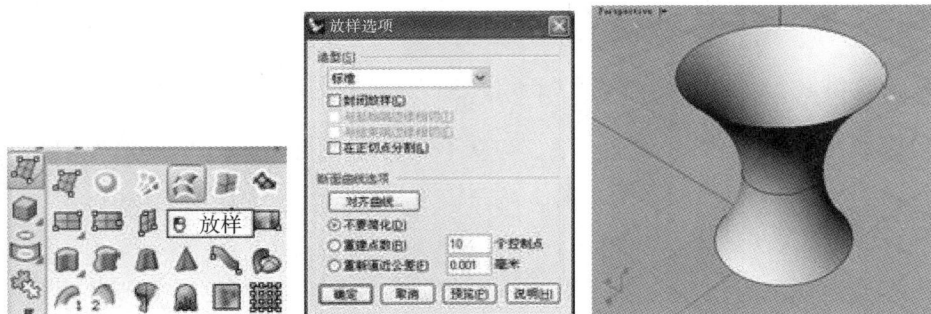

图3-166　放样做出花瓶造型

4. 接下来考虑瓶口的斜面。使用"建立曲面"—"建立矩形曲面"工具，在Top 视图中画一个比瓶口圆大的矩形。在 Front 视图中调整该矩形曲面位置和角度，角度通过 （"2D 旋转"工具）实现（图3-167）。

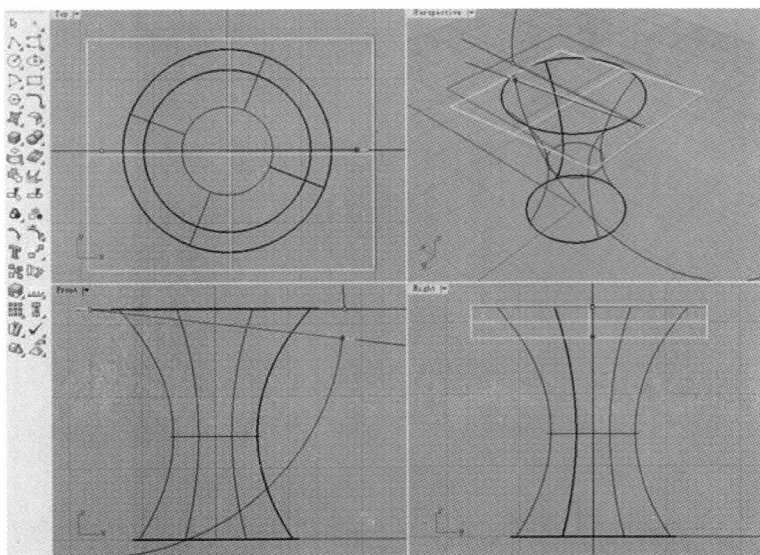

图3-167　建立矩形曲面

5. 使用"布尔运算分割"工具，先选择花瓶，再选择分割用的矩形曲面，单击"确定"按钮，花瓶被分割成两部分。删除不要的部分，得到斜口的花瓶（图3-168）。

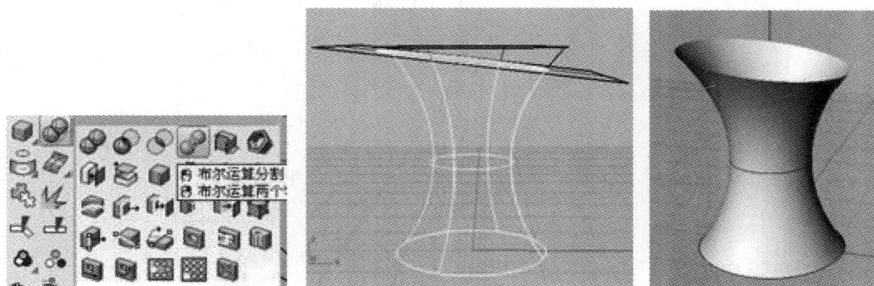

图3-168　分割出斜口花瓶造型

（二）设计镂空线条

重点工具：建立 UV 曲线、沿曲线阵列、投影工具。

先得到花瓶瓶身的 UV 面，接着在 UV 面中绘制自定义线条，最后将 UV 面中的线条附着瓶身。

1. 使用"从物体建立曲线"—"建立 UV 曲线"工具，选中瓶身，点击"确定"按钮，得到 Top 视图上的 UV 曲线。如图所示，其中左侧为弧形的不规则曲线对应整个瓶身，再使用"以平面曲线建立曲面"工具，将得到的曲面作为瓶身的基准曲面（图3-169）。

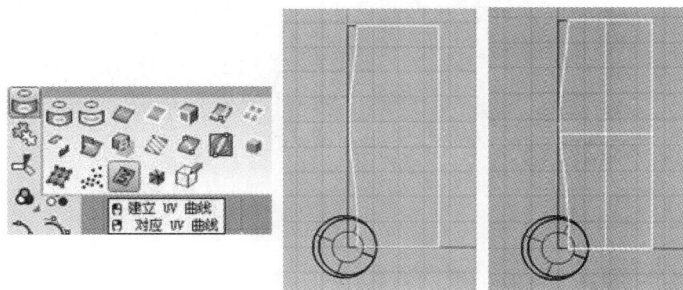

图3-169　建立UV曲线附着瓶身

2. 接下来在刚才的基准曲面中绘制线条，比如借助矩形阵列绘制一组圆形、方形、蜂巢六边形等。本例中我们将用直线为例绘制。首先在 Top 视图中画一个比基准曲面更大的矩形，再使用 ![炸开] （"炸开"工具），得到四条直线。

3. 使用"阵列"—"沿着曲线阵列"工具，依次选择要阵列的物体（竖线）、路径曲线（横线）、项目数（参考值30），将生成的竖线阵列群组，便于后续操作（图3-170）。

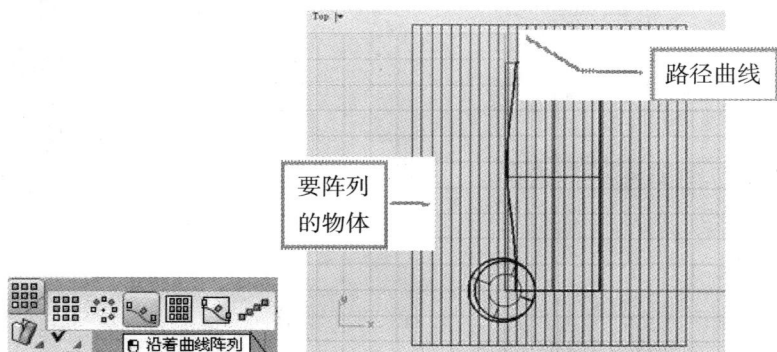

图3-170　建立竖线阵列

4. 将竖线阵列群组复制再粘贴一份，利用 ![2D旋转] （"2D 旋转"工具），旋转30°；同样的操作再复制一组旋转—30°，最终效果（图3-171）。

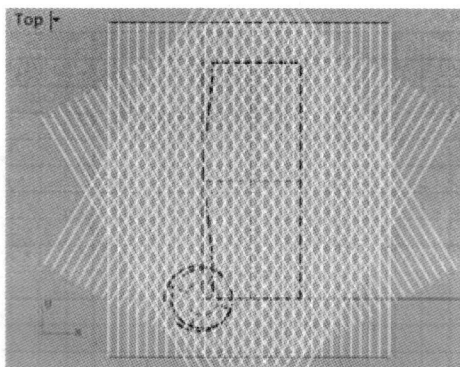

图3-171　旋转竖线阵列

142

5. 选中这三组线，在 Front 视图中向上移动一段距离。使用"从物体建立曲线"—"投影曲线"工具，在 Top 视图选择之前的基准曲面，得到这三组线在基准曲面上的投影。删除无用的曲线（图3-172）。

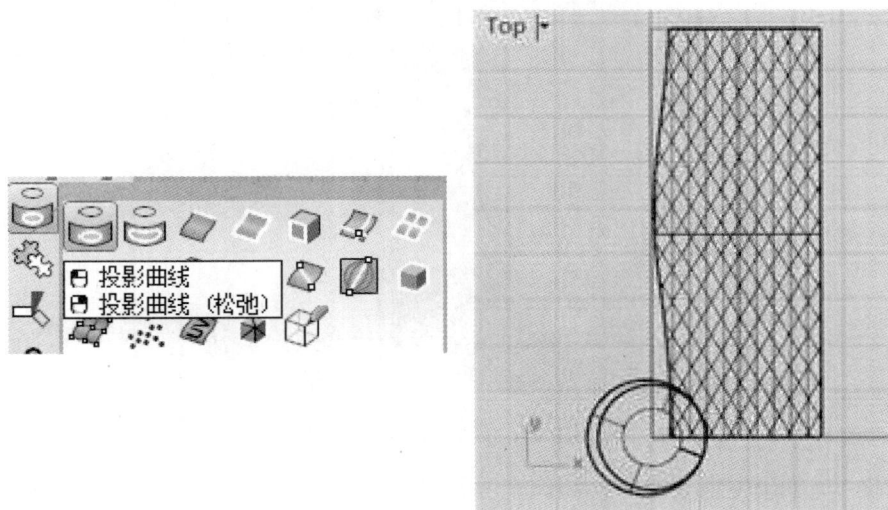

图3-172　建立基准投影

6. 使用"变形工具"—"沿着曲面流动"工具，依次选择沿曲面流动的物体（投影曲线）、基准曲面、目标曲面（瓶身），完成效果如图3-173所示。

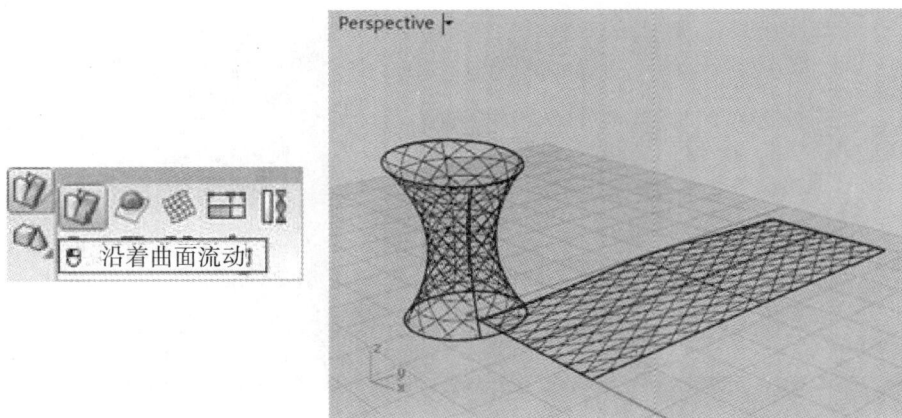

图3-173　沿曲线流动完成花瓶造型

7. 删除一开始的实体瓶身，选中沿曲面流动得到的曲线，使用"建立实体"—"圆管"工具，完成效果如图3-174所示。

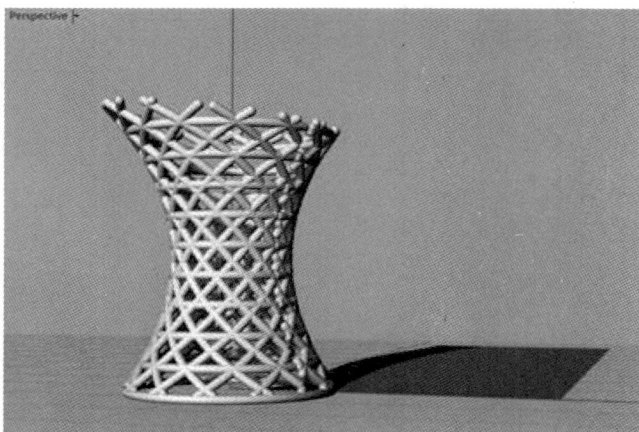

图3-174　镂空花瓶瓶身造型

提示：如果发现接合处效果不好，可以把投影曲线放大一点，略长于基准曲面。

8. 最后给镂空花瓶添加一个底部，可以选取底部圆形曲线，使用"建立实体"—"挤出封闭的平面曲线"工具，将作品完成。

最终效果如图3-175所示。

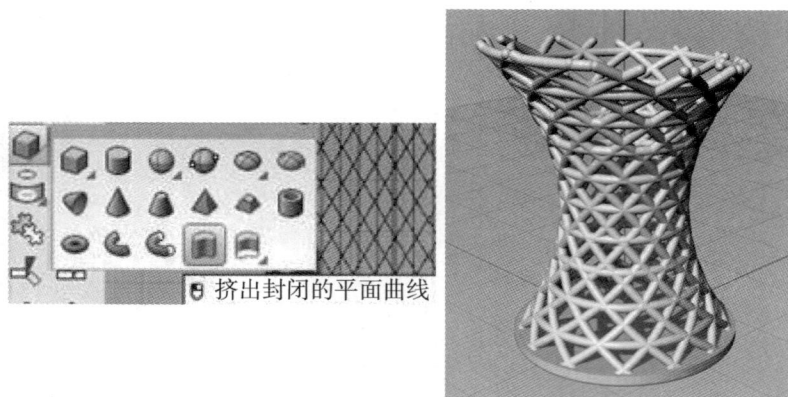

图3-175　给镂空花瓶加底座

拓展环节：

运用沿曲面流动制作的其他类似的作品（图3-176）。

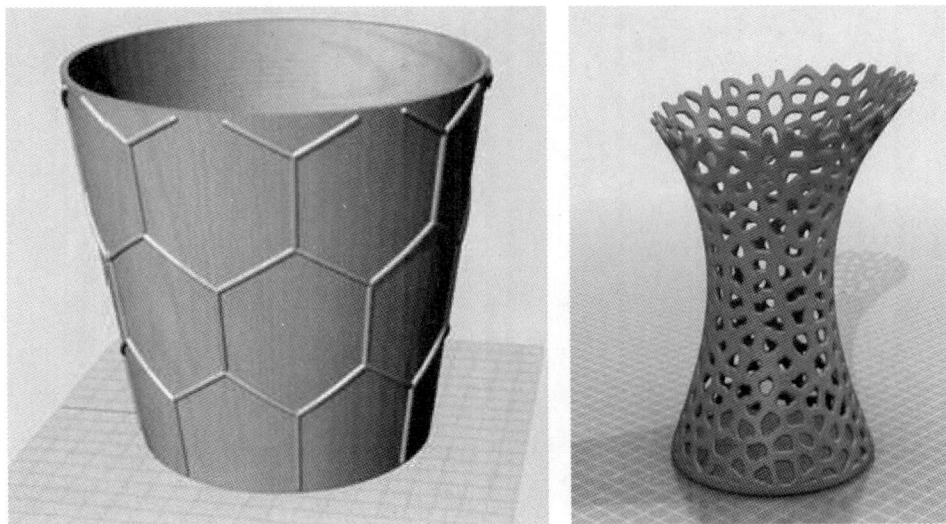

图3-176　不同造型花瓶3D打印效果欣赏

第四章
3D 打印的未来

一、3D打印生物器官

假体是用来代替人体中一部分支撑身体、维持人体正常活动的辅助物。定制假肢设计被证明是最广泛使用的情况之一。为了一个遭受着病痛（一种罕见的先天性障碍疾病：多个关节挛缩，包括肌肉无力和纤维化。一个被称为威尔明顿外骨骼机器人的装置被用于治疗患有此病症的患者）折磨的两岁患者 Emma，3D技术被用来定制设计外骨骼支架。对 Emma 来说，WREX 金属装置太重、太烦琐，因而两名美国科学家利用3D打印机，别出心裁地用塑料给 Emma 制造出一副机械手臂。他们将成人使用的机械臂按比例缩小，并将打印命令输入3D打印机，3D打印机直接制作出成型的机械臂。由于塑料重量远比金属轻，Emma 可以戴着这种机械臂自由活动双手，现在她可以吃饭、画画，像其他孩子一样玩耍，如图4-1所示。

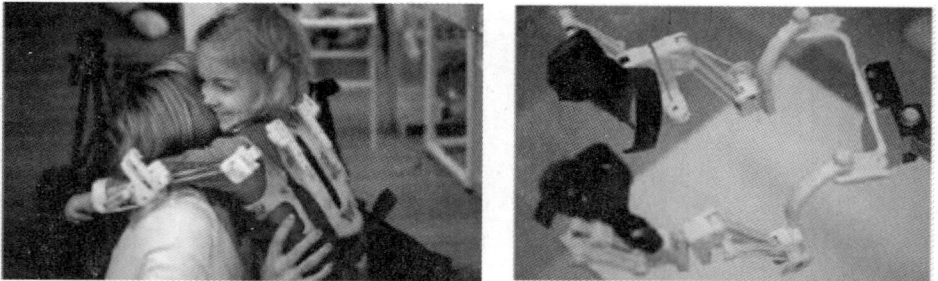

图4-1　用3D打印机制造的外骨骼支架

3D打印在牙种植技术应用方面也已经比较成熟。由于每一个人的牙齿都不一样，每一位患者的骨骼损坏程度也不一样，采用传统修复方法，不但成本高，而且耗费时间长，会给患者带来疾病痛苦的同时，带来经济上的压力。而3D打印技术正好可以解决这种个性化、复杂化、高难度的技术需求。图4-2所示为3D打印钴铬合金牙冠。

图4-2　3D打印的钴铬合金牙冠

　　3D打印技术最新的牙科应用是可局部摘除的义齿和牙模型。口腔扫描仪让牙科医生可以直接将文件发送到制造中心，省去了在最后装配时手工修整牙齿的设备。图4-3所示为3D打印的塑料牙模型。

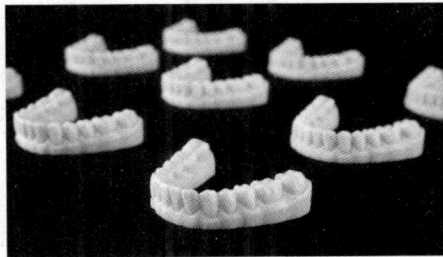

图4-3　3D打印的塑料牙模型

　　3D打印技术还可应用于骨科假体与内植物的设计及制作，即根据患者实际情况定制个性化、特殊需求的假体及内植物，以满足解剖及生物力学的需求。目前，标准大小及形状的假体、钢板及螺钉等内植物能满足绝大部分患者临床需求，但在特殊情况下，如患者所需内植物太大或太小，或由于疾病的特殊性无合适商业化产品，或需要与个体解剖结构更为贴附的内植物以提高手术效果时，则需要个性化定制假体及内植物。在制造过程中，研究人员扫描患者骨骼需求位置情况，并设计出骨骼部件的模型，在机器作用下，材料就以层叠方式累积起来，经过固定成形，制成一个人造骨骼实物。实际案例如图4-4所示。

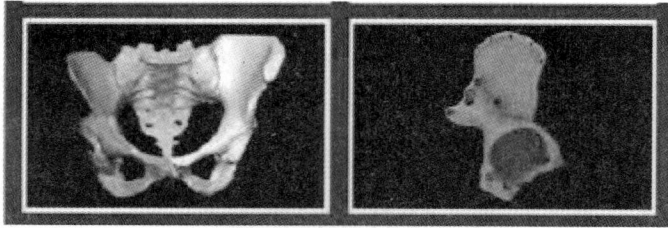

图4-4　定制植入的数字化设计

　　同时，3D打印技术在打印细胞、软组织、器官等方面也有所发展，早在2010年澳大利亚 Invetech 公司和美国 Organovo 公司合作，尝试了以活体细胞为"墨水"打印人体的组织和器官；2013年，来自杭州电子科技大学等高校的科学家研发出中国首台自主知识产权细胞组织3D打印机，该3D打印机使用生物医用高分子材料、无机材料、水凝胶材料或活细胞，目前已成功打印出较小比例的人类耳朵软骨组织、肝脏单元等。德国研究人员利用3D打印等相关技术，制作出柔韧的人造血管，并能使血管与人体融合，并同时解决了血管免遭人体排斥的问题。该技术的不断进步和应用的深入将有助于解决当前和今后人造器官短缺所面临的困难。实际案例如图4-5和图4-6所示。

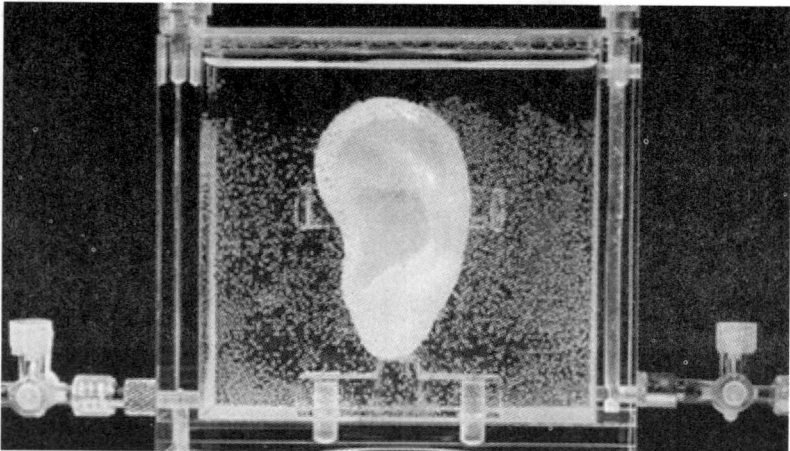

图4-5　3D打印的人工耳朵

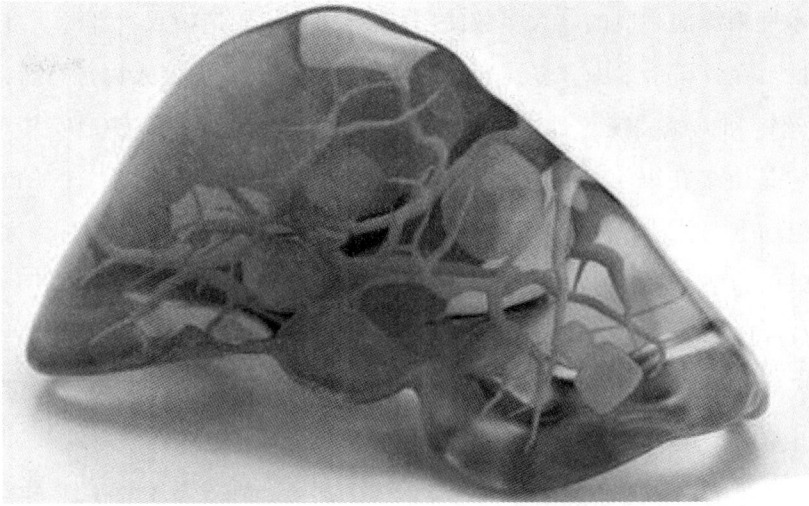

图4-6　3D打印的人工肝脏

此外，植入医疗器械如脑起搏器、心脏起搏器、神经刺激器，作为一种改善患者生理条件的装置在外科治疗中广泛应用，维持患者的生理功能，改善了患者的生活质量。但是植入医疗器械手术过程烦琐、创伤大，有一系列开颅/开胸手术、设备植入、伤口缝合等复杂程序。同时，这些设备本身对患者也存在很大的潜在风险，比如生物相容性。因此，需要一种新的植入医疗器械方法或者设备，以实现低成本、易操作、微创性、小型化、生物相容性好的目标。

清华大学课题组提出了一种利用3D打印技术以微创方式直接在生物体目标组织处喷墨注射成型医疗电子器件的方法。他们首先将生物相容的封装材料注射于体内并固化形成特定结构，然后在此区域内进一步顺次注射具有导电性的液态金属墨水、绝缘性墨水和配套的微纳尺度器件等形成目标电子装置，通过控制微注射器的进针方向、注射部位、注射量、针头移位及速度，完成在体内目标组织处按预定形状及功能3D打印终端器械的目标，实现原位微创化植入医疗器械的目的。

传统上，许多定制植入物都是由手工制造和设计，用解剖模型作为设计的基础和艺术性来源而制成的。大多数使用3D打印技术制造植入物都源于多孔结构的复杂性。在骨科手术中,多孔表面对即将被植入骨头的植入物是有所帮助的。使用螺丝钉和机械"锁"骨进入植入物表面,利于植入物更好地安装和固定。这种锁定是由多孔表面引起的,过去往往通过等离子喷涂涂层、珠子和其他方法生产粗加工"骨友好"的表面来增加平滑植入物。多孔表面可以是三维的,并且它可以作为植入物制造过程的一个组成部分被生产创造。

医疗应用范围从非定制、现成植入到为制定手术方案而制作模型、定制植入物和假肢和个性化设备外科手术。3D打印技术已经在这些应用中取得了一定的进展,并且生产出的很多产品已经得到监管机构的批准。

在日常生活中,皮肤烧伤非常常见。大面积皮肤缺损会引起体液丢失、水电解质紊乱及低蛋白血症、严重感染等,因而皮肤修复具有重要意义。如果全层皮肤缺损直径大于4厘米时,创面不能自行愈合。传统治疗方法是采用自体皮肤或商业皮肤移植修复,但该方法所需材料来源及尺寸有限,准备时间长,在病情严重的情况下无法及时挽救患者生命。

2010年,美国维克森林大学再生医学研究所制造了一台能直接修复皮肤缺损的3D打印机。首先,利用生物打印机的激光扫描器对患者伤口进行扫描,并标示出需要进行皮肤移植的部位;然后,打印机一个喷墨阀喷出凝血酶,另一个喷墨阀喷出细胞、Ⅰ型胶原蛋白以及纤维蛋白原组成的混合物,通过凝血酶和纤维蛋白原相互反应形成纤维;最后打印一层角质细胞和纤维细胞,形成皮肤。通过对小白鼠皮肤伤口模型打印形成纤维细胞和角质细胞进行验证,表明直接打印两种不同的皮肤细胞可行且细胞均成活;与未作处理的自然对照组相比,通过3D打印修复的伤口愈合速度更快。

2014年,美国 Microfab 公司和维克森林大学再生医学研究所合作开发出一种用于真皮修复的喷墨打印机,结合低体积高精度的喷墨系统,控制细胞、生长因子和脱细胞基质的有序沉积,形成皮肤替代物,为患者提供原位快速皮肤修复。该打印机使用的打印材料为融合自体细胞,将细胞打印在皮肤缺损部位后,通过即时交联剂雾化器或紫外光来实现水凝胶材料和细胞的交联固化，形成皮肤替代物。图4-7所示是为修复创伤制作出的人工耳朵和鼻子。

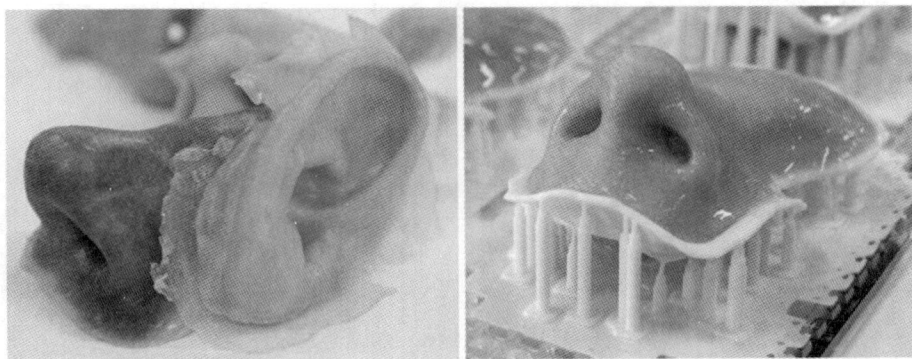

图4-7　为修复创伤制做出的人工耳朵和鼻子

表皮修复的发展衍生到美容的应用。利用3D 打印技术制作脸部损伤组织，如耳、鼻、皮肤等，可以得到与患者精确匹配的相应组织，为患者重新塑造头部完整形象，达到美观效果。首先扫描脸部建立起3D 计算机数据，医生可以制作出患者所缺少的部位，重现原来面貌。比起传统技术，该方法更精确，材质选择更加多样化。据报道，一位左半边脸上长着肿瘤的患者，在做了切除手术后脸上留下了一个大洞。医生利用3D 打印技术为患者制作了一张假脸。制作中，首先全面扫描患者头骨及面部，根据所得的结果分析并建立起原来的面部三维图像，再打印输出实物，通过使用特殊的材质，再打印制作出与面部完美贴合并且栩栩如生的假脸。英国籍口腔外科医生 Andrew Dawood 成功用3D 打印修复了患者原先有肿瘤的脸，并获得了认可，如图4-8所示。

图4-8　用3D印刷模具和基板制造的硅胶假体

随着3D打印技术所支持材质的增多，打印质量的精细化以及美容市场的壮大，脸部修饰与美容应用将有更加广阔的天地，应用水平亦将得到进一步提高。3D打印技术的医学应用成效十分明显，同时也展示出传统工艺无法比拟的优势。但目前尚存在一些问题需要改进。在个体化假体制造方面，能够满足临床应用的材料仅限于金属、陶瓷和塑料，而胶原蛋白、硫酸软骨素、透明质酸和羟基磷灰石等具有良好生物相容性和安全性的生物材料，尚处于实验室研究阶段。在组织工程骨或软骨支架研究方面，如何实现细胞在支架内按照预制组织结构进行精准分布、如何构建营养通道血管、如何提高打印组织的机械性能等都是未来的研究方向。

随着组织工程学、数字化医学、新材料和新工艺的不断发展，3D打印技术应用范围将更为广阔。3D打印技术将有力克服组织损坏与器官衰竭而无可移植物的困难。当3D生物打印速度提高到一定水平，所支持的材质更加精细全面，且打出的组织器官免遭人体自身排斥时，每个人专属的组织器官都能随时打出，这就相当于为每个人建立了自己的组织器官储备系统。患者有需要即可进行更换，这样人类将有力克服组织坏死、器官衰竭等无可移植物困难。此外，表皮修复、美容应用水平也将进一步提高。随着打印精准度和材质适应性的提高，身体各部分组织将能更加精细地修整与融合，所制作的材质自然而然成为身体的一部分，有助于打造出更符合审美的人体特征。

二、3D打印建筑房屋

在建筑行业里，工程师和设计师们已经逐渐开始使用3D 技术打印建筑模型，这种方法快速、成本低、环保，而且制作精美，完全合乎设计者的要求，又能节省大量材料。

3D 打印技术在建筑行业有着广泛的应用，包括概念设计、客户交流、模型展示等。使用物理模型是一种能够被广泛接受的用于沟通设计理念的方法，这在建筑行业得到了良好的体现。3D 打印技术使得建筑师和土木工程师能够方便地在集体会议上修改模型和展示自己的设计理念而不必担心图纸和二维图形令人费解。

在建筑设计上，美学和工程是两个需要考虑的主要问题，模型设计和制造是建筑设计中不可或缺的环节。实体模型除了可令客户更了解建筑物的具体设计外，更可用作各方面的测试，如光线测试、可承受风力测试等。以往建筑工程师在设计完成后，便要考虑如何把设计实体化。但有了三维打印技术后，不论他们的设计有多复杂，也可以很快被制造出来。图4-9所示的模型是用3D 打印技术制作出的建筑模型。

图4-9　3D打印技术制作的建筑模型

由于3D打印技术大大减少了制造模型所花费的时间，这使得企业可以方便快捷地为他们的客户针对不同用途制造各种规格的模型。Blast Deflectors Inc（BDI）为世界各地机场的飞机喷气发动机的场地测试制造飞机围场。BDI 为迪拜的一架飞机制造了一个大型彩色模型。它是由 Object 公司和 Zprinter 系列3D打印机打印出的零件组成的，并在组装之后上色，如图4-10所示。

图4-10　飞机引擎场地测试模型

3D打印建筑是通过3D打印技术建造起来的建筑物，由一个巨型的三维挤出机械构成，挤压头上使用齿轮传动装置来为房屋创建基础和墙壁，直接制造出建筑物。目前，已经有公司利用3D 打印技术制造真实的居住房屋。

2014年，荷兰建筑师 Janjaap Ruijssenaars 利用一台名为 Kamer Maker 的大型3D 打印机"建造"全球首栋3D 打印住宅建筑，这栋建筑代号"Canal House"，共由13个房间组成，如图4-11和图4-12所示。目前整个项目已经开始在阿姆斯特丹北部运河的一块空地上奠基，有望三年内构建完成。

图4-11　Canal House在运河边开工　　图4-12　Kamer Maker打印出来的实物建筑模块

在国内，杭州德迪智能科技有限公司自主研发的 OAM "未来制造"项目，开创性地设计了 OAM (Open-ended Additive Manufacturing) 开放式3D 打印房屋无人机，搭载水泥混凝土专用打印喷头，采用视觉、RTK 等综合定位补偿技术，精准厘米级定位精度，配合机械手臂进行二次运动补偿，实现亚厘米级末端打印精度，通过模拟蜂群行为对多组无人机进行精确分工，无人机集群形态进行建筑建设与打印，可广泛用于各种复杂地形，与大尺寸复合房屋构建，3D 打印一体成型（图4-13）。

图4-13　OAM (Open-ended Additive Manufacturing) 3D打印的别墅

三、3D打印飞行器

3D 打印机制造玩具是很容易的，但是生产关系到几十个人的生命安全的产品，就不是简单的事了。但是 GE 航空成功地做到了这一点。

Avio 公司是 GE 航空的一部分，他们开发了新的金属3D 打印技术用于制造新的 LEAP 发动机。

最近进行了3D 打印技术制造的飞机发动机的第一次试飞，飞机在不同的海拔完成了多个空气动力学的测试，并且表现良好。

金属3D 打印技术又被称作激光烧结3D 成型技术，采用了电子束熔炼（EBM）的新方法，使用3千瓦的电子枪加速电子束轰击金属。这种新工艺被用来制造喷气式发动机的涡轮叶片，新的电子束比传统的激光烧结强大十倍，一次加工成型的金属钛厚度提高了4倍，使生产效率得到了极大的提高。现在生产一个8叶的涡轮叶片只需要7个小时，每年可以节约160万美元能源成本（图4-14）。

LEAP 系列发动机也将很快投入商用。其中 LEAP-1a 用于空客 A320neo，LEAP-1b 用于波音737MAX，LEAP-3c 用于中国国产大飞机 C919。

图4-14　3D打印技术制造的飞机发动机

由于3D 打印技术大大减少了制造模型所花费的时间，这使得企业可以方便快捷地为他们的客户针对不同用途制造各种规格的模型。

在军事领域，3D 打印技术给装备保障带来的变化无疑也是革命性的。在未来信息化战场上，无论武器装备处于任何位置，一旦需要更换损毁的零部件，技术保障人员可随时利用携带的3D 打印机，直接把所需的部件一个一个地打印出来，装配起来就可以让武器装备重新投入战场。据外媒报道，美国陆军已经加入扩展 3D 打印行动，为"增强小型前线作战基地的可持续作战能力"，2012年他们先后向阿富汗战区部署了两个移动远征实验室，实验室由一个6米的集装箱制成，配备有实验室设备、成型机、3D 打印机和其他制造工具，可以将塑料、钢铁和铝等材料打印为战场急需零部件。

美国 Sciaky 公司在2013年1月4日宣布，他们已成功掌握了直接制造的关键技术，即用电子束进行钛合金的3D 打印。美国空军和洛克希德·马丁公司已经宣布将与 Sciaky 公司进行合作。在 F-35战斗机生产过程中，将使用该公司生产的襟副翼翼梁装备 F-35战斗机。相比传统生产加工方式，这一新技术生产制造成本更低、寿命也更长。如果未来上千架战机均使用该技术制造金属零部件，那么将可以降低数十亿美元的生产成本。Sciaky F-35战斗机部件及整机如图4-15所示。

图4-15　Sciaky F-35战斗机钛合金部件及整机

2016年航空制造业巨头空中客车集团在柏林航空展上展示了其3D 打印无人

159

机 THOR。这架很受关注的无人机几乎完全由3D打印的部件组成（除了电气元件之外），并在去年11月试飞成功，标志着3D打印技术在融入航空航天行业的过程中迈出了一大步。更重要的是，未来空客将把这架创新的3D打印迷你飞机作为新飞机技术和低风险测试的试验平台，并用来有效地测试不同的3D打印结构部件、空气动力学性能，甚至人工智能等（图4-16）。

图4-16　空中客车集团3D打印的THOR不同视角展示

四、3D打印无人机航模

以往在无人机的研发阶段，企业通常需要进行各种各样的实验。根据传统的做法，他们把脑海中的想法变为实物，要画图纸，再由业务部门找流程工厂制造，然后才能拿取实物，这至少需要一个月的时间。而采用3D打印技术，只要3D图纸一出来，几个小时就可将产品送到需求者手中，而且3D打印的无人机零配件，硬度与韧度都能达到直接使用的需求，因而成为一种快速制造零配件的手段，助力无人机行业的快速发展。在教育行业，学生可以通过自己测量设计各类多轴无人机的结构与配件并打印出来应用到飞行教学中，激发学生的创意，培养学生的动手动脑能力。

以下是各种类型的无人机3D打印创意设计，可供同学们学习参考（图4-17）。

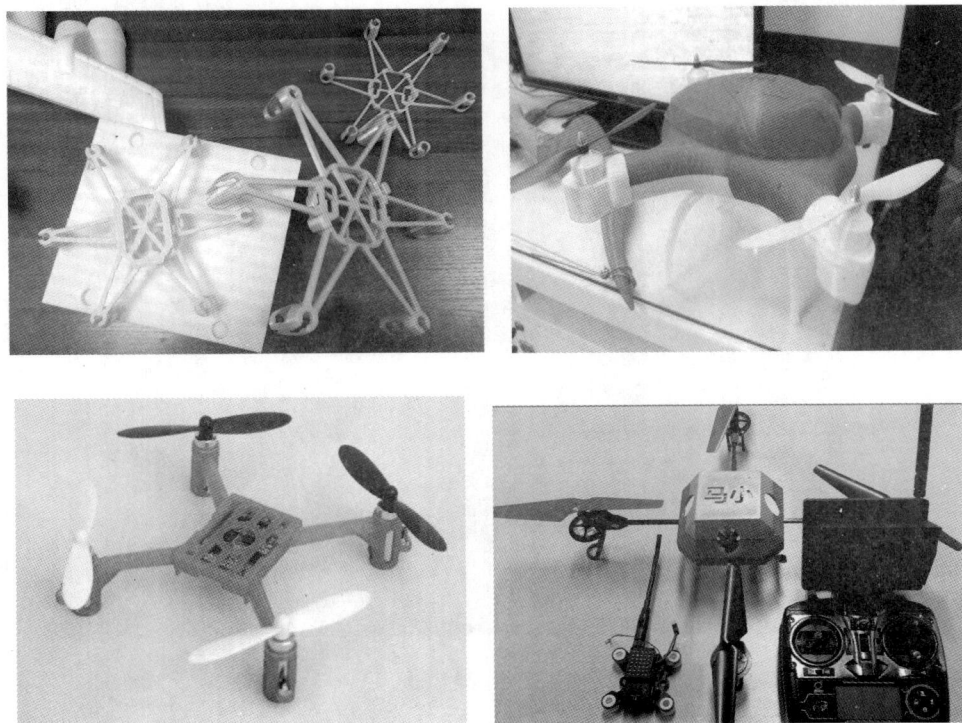

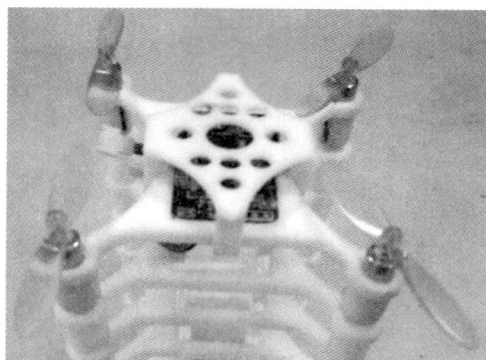

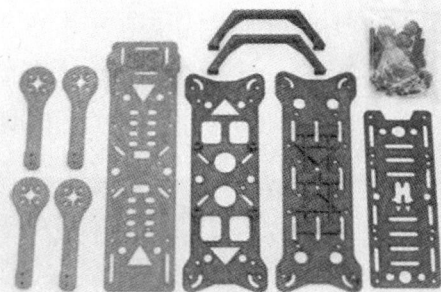

图4-17　无人机3D打印创意设计